縁側ネコ一家 ありのまま

ハハケルとマイケルとミカンたち

渡部久

さくら舎

ネコたちは赤い車の奥の家の縁側にいます。

縁側ネコたちのねこ紹介

里山の縁側ネコ

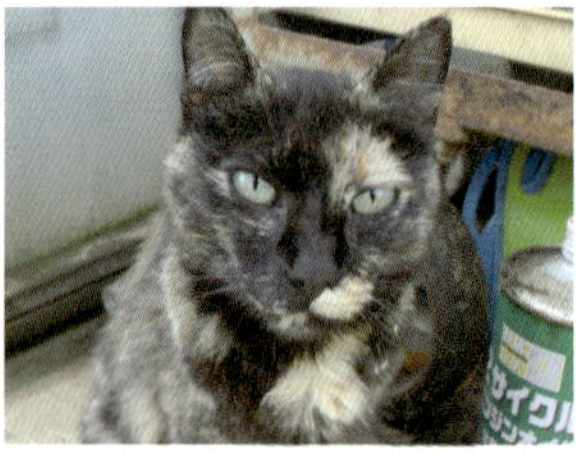

ハハケル♀
子育て上手な
縁側ネコの総帥

第1世代

マイケル♂
タフで愛嬌抜群の縁側ネコ長男

ジャクソン♀
悪食な狩りの名人!

第2世代

ミケ♀
小さい体で強敵タヌキと闘う!
勇猛果敢なNo2

ハチ♀
孤独をこよなく愛する
筋肉質なお母さん

第3世代

モフ♂
出戻ってきた
心優しきオス軍団のボス

チャップ♂
ずば抜けた
運動神経と判断力!

チャップリン♀
メスなのに群れから離れた
不思議ガール

第4世代

アズキ♀
上の世代とは違う父親
大きな体が特徴

第5世代

シロ♂
犬化が激しい
「元」里山の縁側ネコ

第6世代

ミカン♂
喧嘩上等!
たくましい若武者に成長中!

ハチの子

リビア♂
特殊能力を持つワイルドな奴
ただ今、モフ先輩に師事

街の縁側ネコ

伝説のハハ♀
トラなど100匹以上を
産んだグレートマザー

トラ♀
避妊済みなのに大モテ!
サルを追い払う街の番猫

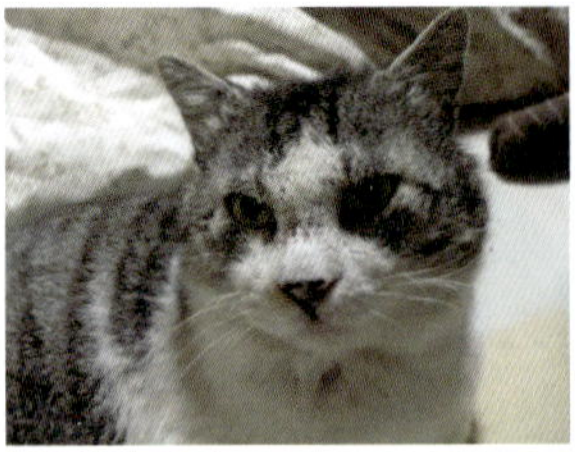

ミミ♂
7キロの巨体を誇る
トラに育てられたトラの弟

トラのストーカーたち

ポンタ♂
24時間張り付くもトラに
顔面をバシバシされて撃沈

マサオ♂
ポンタが去ったあとに出現
陰から見つめるテクニシャン

ヒロシ♂
背後から襲う卑怯者
逆襲されるも懲りないタフネス

contents

bookdesign albireo

縁側ネコ一家
ありのまま

ハハケルとマイケルとミカンたち

prologue

プロローグ

縁側ネコってなんですか

みなさん、はじめまして。

縁側ネコ研究家の渡部久と申します。

「ネコはフツーに知ってるけど、縁側ネコってなに？」

この本を手に取ってくださった方はきっと、そんな疑問をお持ちになっていることでしょう。

簡単に言いますと、縁側ネコとは飼いネコとも地域ネコとも違う、半野生のネコのことを指します。ある程度、人に依存し（食、住）共生の関係にあるネコたちのことです。

これから普通の飼いネコとちょっと違う、縁側ネコの生態や魅力、そして、なぜ僕が縁側ネコを研究しているかをお話ししていきます。縁側ネコと接してきて、ずいぶん長い時間が過ぎましたが、奥が深く、いまだに謎が多いことに毎日ビックリしています。

僕と縁側ネコの関係が始まったのは約10年前からです。

それまで僕は、ネコと一番遠い位置で、動物に関わってきました。

僕の仕事は世界中の変わった動物を扱う動物屋さんだったのです。

動物屋さんがなぜ、ネコから一番遠いのかと言うと、ネコは、イヌと違いコントロールが難しい、いえ、ホボ出来ない動物だからなのです。

そんな理由から、共に暮らしている世界中の変わった動物たちとトラブルにならないよ

プロローグ

縁側ネコってなんですか

う、動物屋さんなのに唯一共に暮らせなかったのが、ネコでした。

さて、どうしてそんな動物屋さんが、縁側ネコ研究家になったのでしょうか？

きっかけは、山梨県山梨市のある里山の一角にウーパールーパーの繁殖研究所を建てた時、その土地を縄張りとしていたハハケル（後に命名）という一匹のメスネコに出会ったことでした（ちなみにウーパールーパーの正式名称はメキシコサラマンダーと言います。現地のメキシコでは絶滅の危機に瀕しています）。

僕はハハケルに対して、今まで接してきた他の動物と同じやり方で接しはじめました。

まず動物と接するとき、僕は必ず観察から入ります。

動物を見るのと同時に、その動物の生息している環境もチェックします。そうでなければ、その動物と一緒に暮らしてはいけないからです。

木を見て森を見ずでは、出てくる答えがまるで違うものになります。

その動物が、なぜこの場所に根を下ろし、生活しているのかを探ります。

理由はさまざまですが、ハハケルの場合は多分こうでしょう。

仕事場（研究所）の辺りには元々、民家があり、その家の縁側や軒下で暮らしていた。そこに新たな温室が建ち、興味が出て近づくと、そこに僕が居た。

ハハケルも相当僕を観察したに違いないですが、僕の方もハハケルに気付かれないように観察をしていました。

群れのボスなだけに
眼光鋭く、貫禄十分。

マイケルたちを産んだハハケル。

妊娠中のハハケル。体が重そうです。

プロローグ
縁側ネコってなんですか

マイケルはウーパールーパーには手を出しません。

僕の接し方のモットーは「こちらからアクションを起こさない」なので、ハハケルから僕に近づいてくるまでは只々観察なのです。

なぜなら、こちらから近づきすぎると相手は脅威に感じてしまい、逃げて行ってしまうからです。

ハハケルは警戒しながらも次第に僕の仕事場の温室に顔を出すようになり、1年後ぐらいに可愛い2匹の子猫を連れてやって来ました。

この頃には、ハハケルもだいぶ慣れ、僕や僕の奥さんを怖がることはなくなり、仕事場に着くとすぐにやって来て、僕の見える位置で眠るようになりました。

ハハケルが連れて来た2匹の子猫に対して、茶トラの♂をマイケル、グレーの♀をジャクソンと勝手に名づけ、面倒をみるようになりました。

面倒をみると言っても、朝と晩にご飯を与えるだけです。

マイケルとジャクソンがやって来た頃から仕事場の横に畑を作り、自家消費用に野菜を育て始めました。

畑を起こす作業をしていると、この2匹は人の後に付いてきて、起こした土の中から出てきた虫やミミズで楽しみ、さらには屈んで作業していると、僕や奥さんの背中に飛び乗り、自慢げな顔で遠くを見ていました。

プロローグ

縁側ネコってなんですか

そんな子猫のマイケルとジャクソンが、雪の降るある日の夕方、突然山の方に走り出しました。

その様子を注意深く見ていると、2匹の向かった先にはシカがいました。

今、ちょうど山から下りて来たばかりといった様子で、顔を左右に振り、辺りを警戒していました。

するとマイケルとジャクソンはいきなり、そのシカに対して唸り声を上げながら近づき、次の瞬間、シカの顔めがけて爪を立てました。

これに驚いたシカは、下りてきた山に向かい踵《きびす》を返して、慌てて逃げて行きました。

しかし、マイケルとジャクソンは追います。

シカが縄張りから出て行くまで追い、やがてその姿は見えなくなりました。

暫くするとマイケルとジャクソンは走って山を下り、僕のところに戻って足にすり寄って盛んに甘えていました。

この現場を目の当たりにして、「はーっ、ネコって強いなー」と深く感心しました（子猫は、まだ経験を積んでいないため、成猫と違い、怖い者がないのです）。

たしかにネコの縄張り意識が強いのは知ってはいましたが、これほどまでに強いとは思いもよりませんでした。

シカを撃退するマイケル&ジャクソンの最強コンビ。

シカは野生動物の中で最も甚大な
食害をもたらします。

シカ撃退後、甘えるマイケル。

ちょうどその頃、同じ地域の畑が野生動物によって荒らされ、僕は動物の専門家としてニホンザル対策について村からレクチャーを依頼されていました。

地域の公民館で行ったそのレクチャーでは、ニホンザルの生態や生活史を中心に、どんな個体が下りて来るのかを聞きながら意見交換をして、最後に縁側ネコがサルを追うということを伝えました。

レクチャーを行ったのは２０１１年の9月でしたが、実は、その年の2月に、街の縁側ネコのトラがニホンザルを縄張りから追い払ったことがあり、一つの事例としてお伝えできました。

2月のある朝、市役所からこんな放送が流れました。

「今朝早く山から橋を渡り、オスのニホンザルが街に入ったとの連絡が市役所に入りましたので、市民のみなさまお気を付け下さい」

「はい、気を付けます」と、言ったところでサルは勝手にやって来ます。

早速その通りに、放送から2時間後、仕事場の僕に家にいる奥さんから電話が入りました（僕の住む家は街中にあり、仕事場（研究所）のある里山とは約6キロ離れています）。

「今、サルが壁の上を歩いているんだけど、どうしたらいいの？」と奥さん。

「今すぐに帰るから家から出ないで。電話を切ったらすぐに市役所に電話を掛けて」

そう冷静に伝え、急ぎ車で家に着いてみると、何やら見慣れない3人の男性と奥さんが玄関の前で話をしています。

この方たちは市役所の人で、奥さんから電話を受け、現場に確認に来ていたのでした。

そこで、僕が奥さんにサルのことについて聞いてみると、

「あっそう、トラが怒って川の際まで追っていったわよ」

正直、驚きました。

ちなみにトラとは、街に住む避妊済みの♀の縁側ネコのことです。

この2つの事例から、僕はあることに気付きました。

それは、ネコが敷地（縄張り）にいるだけで、野生動物が敷地、もしくは畑に侵入して来ないということ。

そう、思い起こせば、周りの畑は毎年野生動物の食害に遭っていたのに、ネコがすみ着いている僕の畑だけは、野生動物による食害が一度もなかったのです。

それを確かめるべく、その年の春、畑全体に麦を植えてみました。実験です。

麦は野生動物たちの大好物で、種を蒔いた時から収穫するまで常に狙われます。

種は、鳥やネズミに狙われ、芽が出るとシカや昆虫に狙われ、実が生ると鳥、サル、シカ、イノシシ、ネズミ、昆虫たちに狙われます。

野生動物の好物を、ある意味、「さあ、お食べなさい」とばかりに盛大に植えて観察し

engawa
neko ikka

住宅街にサル現る!

サルを追い払った街の縁側ネコ・トラ♀。
メスなのに度胸満点で街ネコのリーダーです。

そっと見つめるストーカーのマサオ。
この後、トラにバレて追い出されます。

てみました。

まずは種蒔き。

種を蒔いてから3日目、問題なし。まったく掘り返された跡もなし。

4日目には芽が出てきました。

「さーそろそろ、食べ頃の若芽です！」が、虫も付かず。

麦は、すくすくと生育し、穂が出てきました。

「さー出番ですよ、野生動物諸君」

やがて、しっかり麦の穂に実が付き、収穫です。

「そろそろ食べに来ないと、刈り取るぞ！」

そうです、結果から言ってしまえば、麦は無傷で収穫できました。

この実験結果から、「縁側ネコが畑を含む敷地にいると、野生動物が畑に入って来ない」ことを確信しました。

それからの何年かは、まったく野生動物の気配はなく、どんな作物を育てても、すべて食害なく収穫できました。

その間に一度だけこんな出来事がありました。

ある春先のこと。

僕が温室で作業をしていると、そこにお隣さんがやって来て、こう切り出したのです。

「昨日、畑をイジっていたら山からイノシシが2頭下りて来て敷地の際まで来て、こっちを見ていたよ」

その話を聞いて、僕はこう推測しました。

敷地の際は山の際になり、際から約50メートル下がった所に畑があるけれど、その畑周辺には7匹の縁側ネコがウロウロと縄張りの点検をしているため、イノシシも縁側ネコの縄張りには容易には入って来られないんだ、と。

すでにこの頃、僕の敷地だけでなく、両隣の家の敷地にも縁側ネコの縄張りが出来ていて、両隣の畑も野生動物からの食害はアリマセンでした。

すると翌日、なんと、噂のイノシシ2頭は昼間にもかかわらず敷地の際に現れ、こちらを見ていました。

僕の後に付いて来たミケ（第2世代）という♀の縁側ネコがイノシシの存在に気付き、僕の後ろで唸り声をあげ、イノシシを威嚇していました。

そして次の日、後ろ右足を引きずり、ミケが僕の前にやって来ました。

その姿を見て、僕はピンときました。

ミケ、イノシシと闘《や》ったな、と。

ミケの状態から、夜、敷地内（縄張り）への侵入を試みた2頭のイノシシに攻撃を仕掛

種を蒔きました。

見回りに勤しむマイケル。

荒らされず、見事に収穫と相成りました!

強敵イノシシも出没!

イノシシとの格闘で足を負傷したミケ。
小柄な♀ネコなのに……。

その後はしっかりと甘える。

け追い出しには成功したが、反撃に遭い痛手を負ってしまった、と読み取ることが出来ました。

ここまで酷い怪我は、ネコ同士の喧嘩では考えられませんし、しかもミケはメスなので、足の骨を折るような喧嘩はしないからです。

ミケのおかげで、その年を境にイノシシを敷地内（縄張り）で見たり、下りてきた形跡（糞や足跡）を発見したことがアリマセン。

イノシシの気配は消え、お隣さんもイノシシは見ていないと会うたびに言っています。

そうそう、ミケはその後、完全に回復し、今は無事普通に暮らしていますが、以前より甘えん坊になりました。

縁側ネコは、本当にいろいろな意味で強いです。

強いのですが、そんな縁側ネコにも苦手な野生動物がいます。

シカ、サル、イノシシ、アライグマ、モグラ、ネズミ、鳥、昆虫は追いたてたり、食べたりしていますが、唯一、タヌキは苦手です。

ある日の夕方、いつものように、帰り支度をしていると、マイケルが目の前の土手を見ながら唸っていました。

僕は慌てて、マイケルの後ろに行くと、目の前の土手に2頭のタヌキの姿があったのです。見たところ、この2頭のタヌキは親子のようで大きい方が母親、小さい方が子供。目を見開いて、こちらを見ていました。

しかし、タヌキは僕が現れたので、驚いてすぐさま逃げて行きました。

それから数日そのような状態が続き、とうとう、マイケルはタヌキに手を出したらしく、朝、仕事場に着くと、傷だらけのマイケルがうずくまっていました。

怪我の状態は酷く、両前足、左後足、顔には噛まれた大きな傷がありました。

この怪我も、ネコ同士の喧嘩ではないことが窺えました。

なぜならネコ同士の喧嘩なら、ここまでの深手にはなりません。

大体、両前足をズタズタになるまで噛んだりはしないからです。

明らかに、タヌキに向かっていき、返り討ちに遭ってしまったのでしょう。

そんな酷い状態にもかかわらず、傷だらけのマイケルは、何を思ったかヨロヨロと土手を登り、山の方に歩いて行きます。

そうなのです、繁殖期だったのです。

実は、マイケル、凄くモテるんです。

そんなマイケル目当てに、毎日何匹かの♀ネコが、縄張りを少し外れた山中に来ては鳴いてマイケルを誘っていたのでした。

いやーモテる男、イヤ、モテる♂ネコは辛いですね。

ネコにとって最強の相手タヌキ。
攻撃が効かない!?

激しく痛めつけられるも縄張りを死守したマイケル。

♀ネコの鳴き声がするたびに、傷だらけのマイケル、ヨロヨロしながら土手を登って山に入り、用事が済むと、ドサッという音を立てて山の斜面を転がって下りて来ました。

あの酷い傷の状態で本当によく動いていたなーっと、感心しました。

「動物は自分の生命が危険な状態の場合、まず子孫を残すことを最優先に行う」とよく聞きますが、まさにこの時のマイケルはその通りでした。

ここでもまた、縁側ネコは強い！　と認識を深めました。

あんなに酷い傷を負ったマイケルでしたが、2か月後には傷はスッカリ癒えました。

しかし心の傷は癒えていなかったようで、タヌキの姿を見ると僕のところにやって来て、僕の後ろに回ってからタヌキに向かって唸るのです。

実際、タヌキやその他野生動物と接触経験のない縁側ネコは、懲りずにタヌキに向かって行きます。

特に子ネコは好奇心が強いためか、すぐに野生動物に向かって行きます。

怖いという概念が、まだないのかもしれません。

ちなみに、なぜネコはタヌキが苦手なのかというと、一つには、タヌキは毛深いため、皮膚にネコのツメが刺さらず、ダメージを与えられないということがあります。ネコの必殺ひっかき攻撃が通用しないのです。そして、そんなタヌキは人間が怖くて見ると逃げだします。

ちょうど子猫の話題が出たので、縁側ネコの繁殖期から出産までについて、お話しします。

縁側ネコは、その年の温度や雨量にもよりますが、4月頃と9月頃に子を産みます。春と秋ですね。

出産が近づくと、また、タヌキの影がチラついてきます。

産まれた子猫を狙いに、縁側ネコの縄張りに入って来るのです。

タヌキの気配に気が付いたのは、妊娠しているメスの数と産まれてきた子猫の数が合わないことが重なり、注意深く敷地内を観察して歩いてみると、子猫が産まれた日に必ずタヌキの糞が敷地内にあったからです。

普段、タヌキは敷地内では糞をしないので、もしかすると仲間に縁側ネコが子を産んだぞ、とマーキングをしているのかもしれません。襲うために。

自然豊かな里山では、タヌキやキツネ等の野生動物と共に縁側ネコが暮らしているため、縁側ネコだけが爆発的に増えることはないのです。

この地域と縁側ネコとのつながりに関する興味深い話があります。

僕の仕事場がある地域の現在の姿は、ブドウやリンゴの果樹農園が広がっています。

しかし、昔のこの地域の姿は違いました。

つい数十年前までは、お蚕さんを育てていました。

そうです、養蚕業です。

蚕を飼育して繭を取り、生計を立てていた地域なのでした。

当時は養蚕が盛んで、どの家にも蚕を飼育する蚕棚があり、蚕をたくさん飼っていました。するとその大切な蚕を狙い、ネズミが集まります。

そのネズミを駆除するためにネコを農家さんで飼いはじめました。

このネコたちの末裔が今の〝縁側ネコ〟となる訳です。

養蚕が盛んだった頃のお話を地域の方々に聞いてみると、当時は各家に常に5匹から10匹のネコが居たと、同じ答えが返ってきました。

僕は興味ついでに、その当時の畑の状態もお聞きしました。

すると、当時は養蚕で忙しいのに現在のような野生動物の食害はまったくなかった、というのです。

この話から、僕の仮説が確信に変わりました。

里山の里と山の境を守っていたのは、縁側ネコだったと。

そう言えば、縁側ネコと言ってきましたが、縁側ネコとは僕が勝手に付けた名称です。

――その昔ネコは外飼いだった。夜、縄張りをパトロールしながら狩りをして過ごし、夜が明けるころ縁側の片隅で丸くなり、人が活動する時間には熟睡する。昔なら縁側で朝からお昼くらいまで、お爺さんやお婆さんがお茶を飲んでいた朗らかな時間に、ネコは縁側に来て寝ていた。ネコからすれば夜間、気の張った状態が続き、日が昇ると人の目のある縁側で休息する――。

こんな働きをするネコに対して〝縁側ネコ〟というネーミングはピッタリでしょう。

夜はネコが敷地を守り、そのネコを昼間、人間が守る。

人もネコもお互いに、守り守られの補完関係を自然に行っていたのです。

それが、縁側ネコと人の正しい関係だったのです。

ところが、養蚕業が時代と共に廃れてしまい、縁側ネコも仕事を失いました。

縁側ネコは、縁側でなく室内でペットとして飼われ、夜外に出ることがなくなりました。

そして、地域から縁側ネコが消え、しばらくすると、畑に野生動物が現れるようになったのです。

しかし、僕の畑では、いまだに縁側ネコが仕事をしています。

縁側ネコは畑、敷地だけではなく、実は、里と山の境界までも守っていたのです。

さて次の章から、そんな縁側ネコの一年をじっくり見ていくことにしましょう。

警戒警備中のミカン(左)とモフ(右)。

夜間パトロールも抜かりなし！　左はミカン、右はリビア。

Spring

春

春はネコの季節です！

春は、日中の時間が長くなりはじめ、気温が徐々に緩みだす季節ですね。

縁側ネコにとっては恋の季節。また毛の生え替わりや、チョウなどの虫たちが動き始めることもあるので狩りの季節でもあります。

3月はまだ寒く、しばらくは氷や霜が残りますが、この頃になるともう、先陣を切ってミヤマセセリなどの春のチョウが飛びはじめます。

縁側ネコたちはというと、春の日差しを一身に受け日向《ひなた》でゴロゴロし、飛んでくるチョウを追ったり、走り回るクモを捕えたりして一日を過ごします。

この季節、普段縄張りの外を徘徊している群れに関係ない他の縁側ネコのボーイが昼夜かかわらずやって来ては、ミャー〜〜オ〜〜と、盛んに鳴き、縁側ネコガールズを誘います。

しかし、縁側ネコの恋は甘くありません。

なぜなら、見知らぬ縁側ネコボーイ同士が、縁側ネコガールズを我が嫁にすべくやって来るので、見知らぬ縁側ネコボーイ同士が縁側ネコガールズの縄張りで鉢合わせ。過激なバトルを展開します。

そのバトルで勝ち残った見知らぬ縁側ネコボーイが、縁側ネコガールにアタックするのですが、残念なことに縁側ネコガールが気に入らないと恋には発展しません。

それでも引き下がれない見知らぬ縁側ネコボーイは、大変カワイソーなことに、縁側ネコガールズから攻撃を受け、縄張りから追い出されてしまうのです。

つくづく思うのですが、オスはどこの世界でも厳しいですね。

そんな縁側ネコの恋の行方を観察してみると、ただ強いだけの見知らぬ縁側ネコボーイでは恋が実らないことがわかってきます。

見知らぬ縁側ネコボーイ同士が縁側ネコガールズの縄張りでバトルを始めると、その隙に別の見知らぬ第三の縁側ネコボーイがスーッとやって来て、縁側ネコガールを誘い、素早く山の方へ消えて行き、また素早く恋を終わらせ、何食わぬ顔をした縁側ネコガールだけが縄張りに戻ってくることがあるのです。

とどのつまり、恋の選択権は縁側ネコガールにあって、いくら見知らぬ縁側ネコボーイが頑張っても無駄な努力になることの方が多い気がします。

そんな恋の優先権を持っている縁側ネコガールのハチは、発情期になると必ず僕に猛烈にアタックを掛けてきます。

普段はあまり僕に近づいてこないハチがなぜかこの発情期のみ僕の後を追い、さらには足にマトワリ付き、見える位置でニャーっと鳴き、最後は尻尾を上げて僕の周りをウロウロします。

さすがに、これに僕は応えることは出来ないため、そそくさと、その場を離れるのでした。

毎回なので、そろそろ実らぬ恋だとハチにはわかっていただきたいです。

恋の季節が終わると、今度は毛の生え替わりです。

発情期になるとアタックを掛けてくるハチ。

シジミチョウ。

ミヤマセセリ。

テングチョウ。

発情期以外はまったく近づいてきません。

寒き冬を乗り越え、徐々に緩む温度に備え、徐々に細くなっていきます。

縁側ネコは、季節によって体の大きさが変わります。

春は、フワフワでモコモコの真ん丸から、フワでモコの半丸になります。

飼い猫と違い、縁側ネコは基本、外に住んでいるため敏感に季節を察知します。

そのため、スムーズかつ見事に毛が抜け替わるのです。

この頃から、畑が賑やかになってきます。

春先は、夏野菜の準備に入るので畑を起こしはじめます。

冬の間に乾燥させておいた枯葉や枯れ枝などを燃やし、その灰を畑の土に混ぜます。

それに、有機肥料を加え、土をつくるのです。

その作業の中、縁側ネコは枯草の下に潜んでいたコガネムシの幼虫を狙い、人の周りをウロウロします。


ここで、少し畑のことについて、お話しします。

僕の畑は、なるべく何もしない農法を実行しています。

それは、なるべく自然に融合した形で作物を育てたいということと、雨などですぐ脇の側溝に畑の土が流れて行っても水質に影響を与えないようにしたいからです。

実は、この側溝にはゲンジボタルが生息しているのです（実際、僕はこのゲンジボタルの生息環境の復元を地域の方に頼まれ、約1年でホボ復元させました）。

そのため、僕の畑は農薬を使わない、化学肥料を使わない、有機無農薬なのです。

そして、無農薬で畑を作る最大の理由は、縁側ネコが安全に暮らすためなのです。

縁側ネコは畑の生態系の頂点に君臨しています。

そのため、根本の土から考えないといけなくなるのです。

土は生き物の始まる大切な第一歩、次に微生物が混ざり合いバランスをとっています。

それを作物が吸収して、その作物を狙いさまざまな虫が現れ、その虫を狙い、小動物たちが現れます。その虫や小動物を美味しくいただくのが、縁側ネコなのです。

そうなのです、食物連鎖の頂点に立つ＝土からの蓄積になるため、農薬を使えないのです。

さらには、縁側ネコはまれに畑の土を直に舐めるので、さらに安全な土づくりが必要になるのです。手間はかかりますが、たくさんの生き物が溢れるので、縁側ネコには良い環境だと思います。

そんな良い環境だけに、ミミズやコガネムシの幼虫を狙い、モグラ（アズマモグラ）が畑に侵入してきます。

縁側ネコは、モグラの動きを察知すると、モグラトンネルの上で盛んに臭いをかぎ、モグラの動きに合わせ、ウロウロしながら見事に畑の外に連れ出し、トンネルの切れた所か

寒くなるにつれて丸くなっていくアズキ。

春

春はネコの季節です！

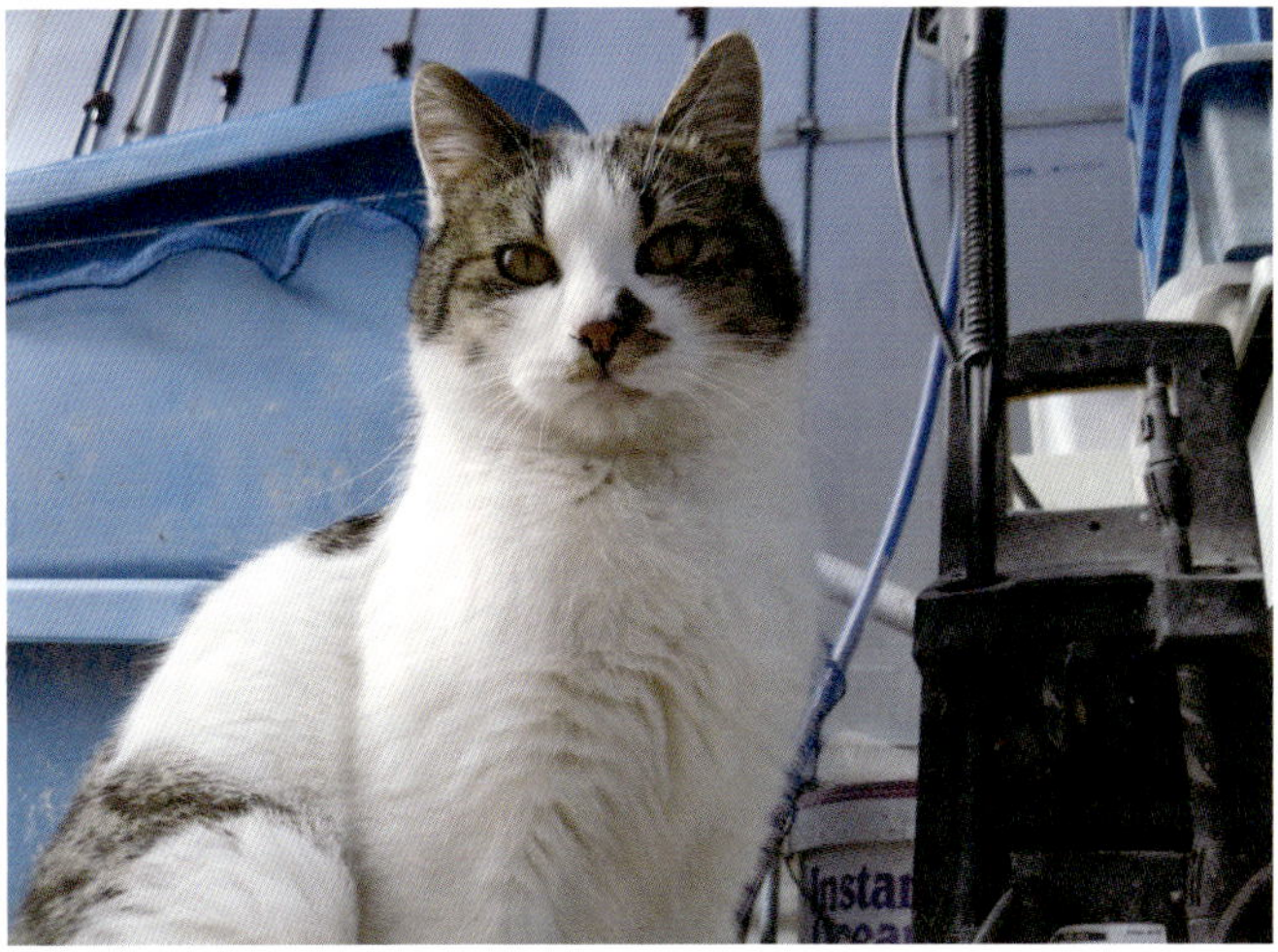

モフも同様です。もはや別猫。

ら地表に出させます。

地表に出たモグラは、とにかく走ります。そして岩や木などの障害物の脇に当たるとすぐさま地下に潜るため、凄い勢いで掘りはじめます。

この時、モグラは日の光（太陽光）を浴びていますが、死んだりしません。モグラが日に当たると死んでしまうというのは、嘘です。

日に当たって死ぬことはないですが、縁側ネコに狙われて、命を落とすことはあります。

モグラが、縁側ネコに狙われて助かるには「トンネルから出ない」しか考えられません。

もしトンネルから出てしまったら、その動きに縁側ネコは反応して、確実に仕留めに掛かります。

地表に出たモグラは、ロケットの如く飛び跳ね、素早く茂みに逃げ込もうとします。

が、縁側ネコはモグラの行動を先読みして、行く手を先回りしてモグラを仕留めます。

いつも不思議に思うのが、なぜかモグラのトンネルの途中が縁側ネコによって掘られていることでした。

いくら予測するといっても、そこまでの能力があるとは思えません。

もしかすると、縄張りにモグラの臭いがあることが気に入らず、モグラのトンネルを掘って壊し、マーキングのオシッコや糞をしているのかもしれません。

たまたま、それが幸いして、モグラが地表に出てしまうのかもしれませんね。

しかし、縁側ネコは狩りで仕留めたモグラをホボ食べません。

ではなぜ、そこまでして狩るのか？

それは、モグラの臭いや動きが縁側ネコのハンター魂に火をつけるのだと、僕は思っています。

このモグラ、実は、ミミズやコガネムシの幼虫、ヨトウガの幼虫（これらの生物は土の中を中心に住んでいます。特に作物の根周りが好きです）を食べてくれる、いい奴なのです。ミミズも増えすぎると畑は穴だらけになり、コガネムシの幼虫は根っこをガジガジ、ヨトウガの幼虫は葉っぱをガジガジしてしまうので、モグラは畑に必要な動物なのです。

よく、モグラは畑を荒らす、なんて耳にしますが、これもミミズやコガネムシの幼虫、ヨトウガの幼虫が増えすぎたために起こる連鎖なのです。

栄養豊富な土に、ミミズやコガネムシの幼虫、ヨトウガの幼虫が集まる。それを食べに、モグラが集まり、畑が穴だらけになり、植えた作物が倒されるという結果になるのです。

しかし、もし、その現場に縁側ネコがいたならば、話は変わります。

土から始まる畑の連鎖のバランスを整えてくれるのです。

僕は常々こう思っています。

縁側ネコは、すべての意味で番猫なんだなっと。

縁側ネコたちの、まったく考えてもいない行動が、畑、もしくは里山のすべてのバラン

ミカンはスズメガの幼虫に興味津々。

春

春はネコの季節です！

アズマモグラです。

スズメガの最終形はこんな感じ。

スを保っている。言い換えれば、人が作った環境を上手く循環させるのが縁側ネコなんだと。


そんなわけで僕の畑には、虫が集まります。その虫を食べる捕食者も集まります。

あまり聞き慣れない名前の動物も顔を出します。

それは、ヒミズとトガリネズミです。

ヒミズは、モグラに似ていますが、モグラと違い、地下のトンネルで生活していません。ヒミズは落ち葉や石の下で生活し、地面と落ち葉の間をスルスルと泳ぐようにして移動します。

ヒミズの名の由来は、半地下生活をしていて日を見ないから〝日見ず〟で、ヒミズという名前になったらしいです。

ヒミズもまた、縁側ネコの狩りの対象生物です。

縁側ネコがヒミズを見つけるのは、置いてあるブロックの下や、落ち葉が溜まっている畑の際が多く、まずは落ち葉の中に鼻を突っ込んで、臭いからヒミズの場所を割り出します。

割り出した所を目がけて、ジャンプし落ち葉の上からヒミズを押さえつけます。

体の大きなモグラならここで勝負が決まりますが、ヒミズの場合は、まだ勝負は決まりません。

ヒミズはモグラより体が小さいので落ち葉が邪魔になり、直接ヒミズの体に縁側ネコのツメが刺さらないからです。

しかし、そんな状況を知らずに縁側ネコは、ヒミズを仕留めたと思い、確認のために顔を近づけます。その時にヒミズを押さえつけていた手を外すのです。

その瞬間をヒミズは逃しません。

手を外した瞬間に素早く、縁側ネコの手から逃れてダッシュ。大きな倒木の下に逃げ込むのでした。

と、ここまではヒミズ優勢なのですが、縁側ネコは諦めが悪いです。

ヒミズが逃げ込んだ大きな倒木の下をクンクンと嗅ぎ回り、それから倒木の周りをウロウロし、しばらくすると何か納得したように、その倒木の前に座り込みます。

ここから、縁側ネコとヒミズの根競べが始まります。

痺れを切らすのはヒミズの方で、倒木の下から鼻を出し、辺りの臭いを嗅ぎはじめます。

このことに縁側ネコは無反応。それればかりか、ヒミズを追ってやって来たことすら忘れているくらいの勢いで寝ています。

しかし、それは寝ている振りで、耳だけはシッカリ、ヒミズの突き出した鼻の方向に向いて動かしています。

「いちいち見るな!」とモフ。

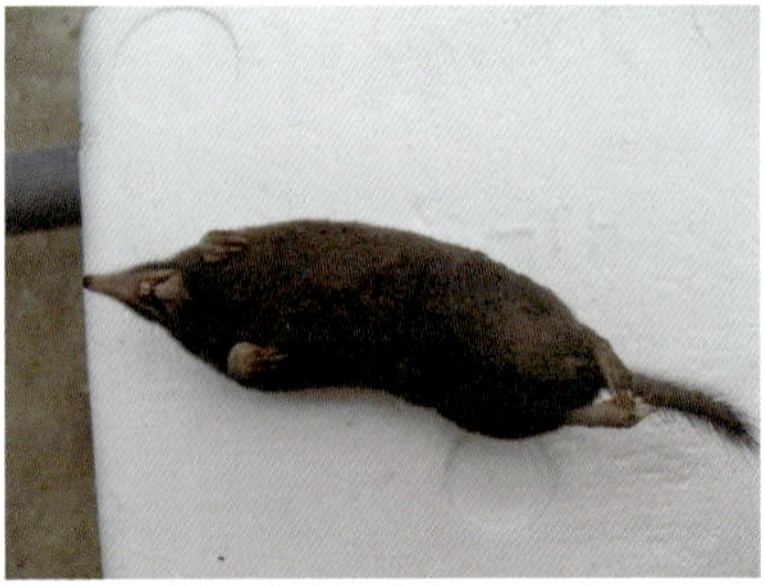

ヒミズです。半地下生活を送っています。

トガリネズミは地上で暮らしています。大きさは6センチ。

縁側ネコたちはいつも獲物(面白いもの?)を探しています。

周囲の臭いを嗅いだヒミズは、徐々に出てきます。

鼻先、そして顔、それから上半身、最後にその倒木から飛び出し、畑に戻ろうとします。

その時です！　寝ていた振りをしていた縁側ネコは、無防備なヒミズを追いかけ、そして仕留めるのでした。

縁側ネコは、ヒミズを仕留めてもまったく食べません。

ヒミズは臭いが独特で、その臭いのため、たぶん食べないのだと思います。

しかし、せっかく仕留めたヒミズ。縁側ネコは、どうするのかというと、勿体ないからなのか、餌の御礼なのか、または人間ならヒミズを食べるだろうって思うのか、僕の仕事場の入り口に置いてあります。

そんな、〝縁側ネコが食べないのに狩るシリーズ〟のトリを飾るのが、このお方です。

ジャーン！　トガリネズミ（モグラ、ヒミズ、トガリネズミのことを、僕は縁側ネコが食べない三兄弟と勝手に命名）。

モグラは地下世界で生活、ヒミズは半地下世界で生活、そしてトガリネズミは地上で生活します。

そうなんです、縁側ネコが食べない三兄弟は見事にシッカリ、チャッカリすみ分けて生活しています。

そうそう、言い忘れていましたが、モグラ、ヒミズ、トガリネズミ、縁側ネコが食べない三兄弟は、みなモグラの仲間です。

ですから、トガリネズミと名前にネズミが付いていますが、ネズミではなく、モグラの仲間なのです。

モグラの仲間の特徴は〝大食い〟。もの凄い量の虫を一日で食べるのです。

今までの〝縁側ネコが食べないのに狩るシリーズ〟の2種と違い、トガリネズミの生活場所は完全なる地上なので、縁側ネコと同じフィールドでの攻防になります。

ですが、僕が今までにトガリネズミと縁側ネコの攻防を確認したのは、2回だけです。

初めて見た時は、縁側ネコのマイケルがいつものように何かを畑で発見し、その何かを追いはじめました。

僕はその何かを目で追い、確認後、素早くマイケルを追いました。

（この時すでに僕は、マイケルの追っている獲物がトガリネズミだとわかっていました。春に縁側ネコが何かを追ったときは、僕にとってチャンス。それは僕がこのトガリネズミの仲間〈モグラ系〉が大好きで、生体を観察したいと常々思っているからなのです）

すると、トガリネズミは畑から猛スピードで出て、山に入る土手を駆け上がりました。

トガリネズミも速いが、マイケルも速い！

土手の途中の小屋の所でトガリネズミに追い付きました。

トガリネズミは、とっさに小屋の前に敷いてあった布の下にスルッと隠れます。

ネズミを捕まえたトラ。

トガリネズミの狩りに失敗したマイケル。

春はネコの季節です！

飼い犬化しているシロも
狩りには出ます。

トガリネズミ	ヒミズ	アズマモグラ
地上生活	半地下生活	地下生活
大きさ6cm	大きさ13cm	大きさ15cm
尻尾が長い	尻尾が長い	尻尾が短い
尻尾が長くネズミ的	尻尾がフサフサ	手が大きい

トガリネズミの隠れた布の周りをグルグル回るマイケル。

なんとか僕も追いつき、マイケルの動きを目で追うと、布の真ん中辺りが少し盛り上がり、僕の方に動いてきています。

僕の反対側に回ったマイケルは、布の端のところの臭いを必死に嗅いでいます。

「マイケルには申し訳ないが今回なら無傷でトガリネズミを捕まえ、念願の観察ができる！」。そう思ったが早いか、僕はマイケル側に布を剝がし、目の前にいるトガリネズミをゲットしたのでした。めでたし、めでたし。

僕は素早く仕事場に戻り、捕獲したトガリネズミをケースに移し、念願の観察を始めたのでした。

実はこの翌日に、また同じことが起きました。

この時はさすがに僕が追い切れず、追いついた時にはすでにマイケルはトガリネズミを仕留めて自慢げに口にくわえ、僕の元にやって来て、そのトガリネズミを置いて行きました。

モグラ、ヒミズ、トガリネズミなど普段目にしない動物が、普通に生活していることが確認できるのも、縁側ネコのパトロールのおかげなのです。

春の里山は生命に溢れています。

シロは毎日、トラにしごかれています。

summer

夏

独り立ちする子猫とご対面！

強い日差しの中、作物がグングン育ちます。

畑では、ナス、トマト、キュウリ、トウモロコシが実を付けるので、縁側ネコが大活躍する季節です。

野生動物では、爬虫類が最も活発に動き回る季節。一年の中で最も生物の数が多い季節です。

夏は栄養豊富な食べ物がたくさんあるのに、縁側ネコを見ると一年で一番細いです。

そう、冬場に比べると、体のボリュームが約半分になります。

一年で一番貧相に見えなくもないですが、実は一番シャープなのです。

その証拠によく観察すると、発達した筋肉が体を覆っていることに気付きます。

縄張りの中を駆け回っている姿やトカゲなどを追っている姿は、正に肉食獣そのものです。

そして夏の終わりには、新たな命がやって来ます。

そして、別れも。

夏の縁側ネコの行動は強い太陽光を避けるため、日中日陰でゴロゴロし、日が陰る頃からだんだんと元気になって、日が落ちると戦闘態勢に入ります。

いくら毛が短くなったとはいえ、やはり、日中の太陽光は縁側ネコの一番の天敵になります。

以前、ハハケルとマイケルは、飛びっきり暑い日に、僕の仕事場の事務所へやって来て、エアコンの効いた部屋に入って来て休んでいきました。

その日は、外が暑いためどうしようもない行動だったのだと思いましたが、ハハケルとマイケルは、この夏の間、毎日事務所の前で待っているようになり、僕が事務所のドアを開けると、僕を追い越し我先にと事務所の中に入ります。

開けてすぐの事務所内はもの凄く暑いのです。

にもかかわらず、ハハケルとマイケルは、そんな暑さなんかお構いなしで事務所の中をグングン進み、お気に入りのポジションに横たわるのです。

暑いのは数分のことで、しばらくしたら事務所内はエアコンが効いて涼しくなることを、知っているからでした。

心地良い体験は一度で覚え、日常に繋がっていき、最後は通常になるのでした。

しかし困ったことに、仕事が終わり、僕が事務所の外へ出ても、ハハケルとマイケルは一瞬僕のことをチラッと見るだけで、お気に入りのポジションから動こうとしません。

最終的には手をパチパチ叩いて起こし、事務所から追い出すのでした。

そんなマイケルですが、夏は狩りに大忙し。

狩りの対象は、虫から爬虫類に移っていきます。

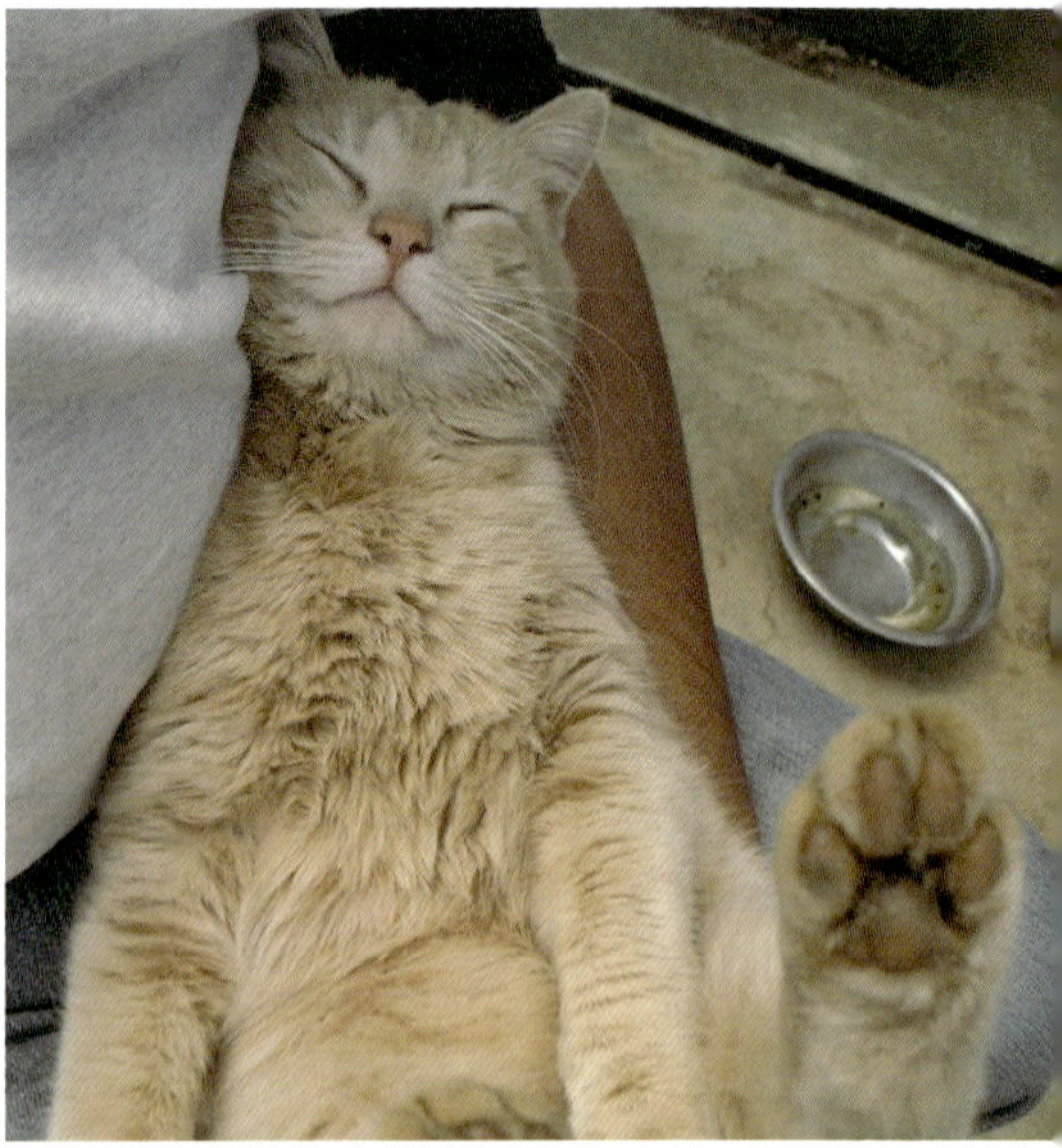

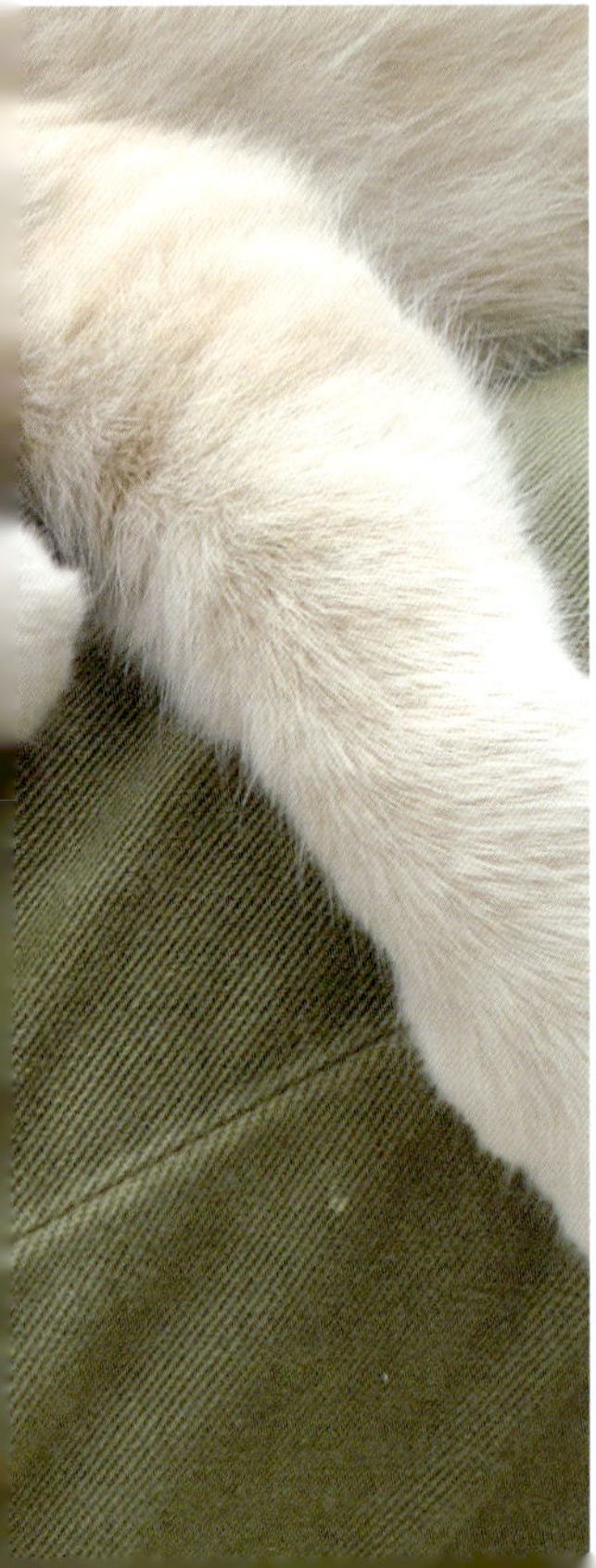

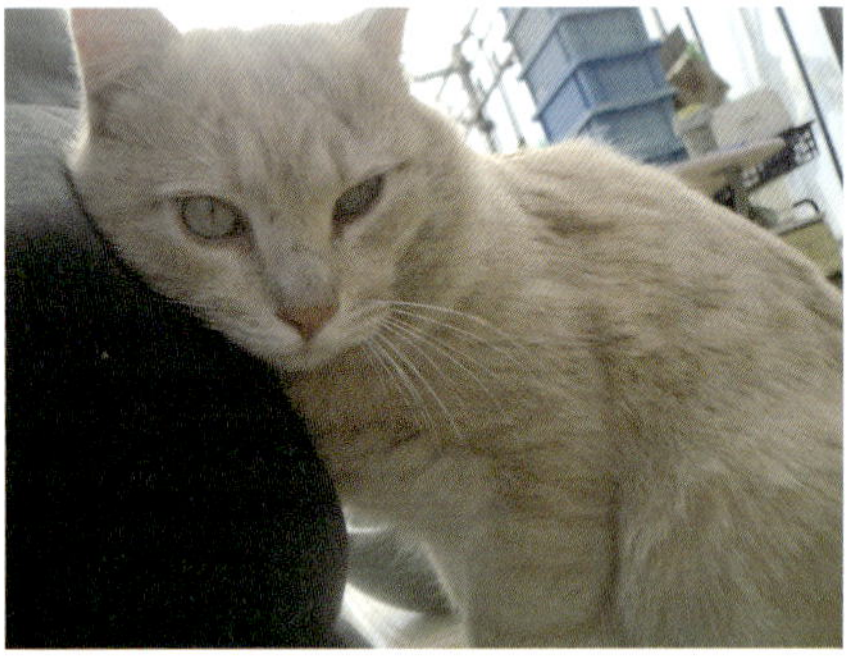

夏はクーラーの効いた事務所が大好きです。

野生動物には敢然と立ち向かい、人間にはぴとっと甘えるマイケル。表情がバツグンに豊かなにゃんこです。

縁側ネコの縄張りの中に生息している爬虫類は、ヘビだけでも、マムシ、ヤマカガシ、ヒバカリ、ジムグリ、シロマダラ、アオダイショウの6種類（シマヘビはいません）。トカゲも、ニホントカゲ、ニホンカナヘビ、ニホンヤモリと3種類。

そんなヘビの中でも印象に残っているのが、本州唯一のクサリヘビ（毒蛇のステレオタイプ）のマムシです。

春も終わり、夏の初め、敷地の際にある大きな柿の木の下で、マイケルが変な声を上げ、飛び跳ねていました。

その光景を見た途端、僕は仕事を放り出しダッシュで、マイケルの元へ近づきました。

マムシVS.縁側ネコ♂マイケル。

これほど興奮する対戦はアリマセン。なぜなら相手は毒蛇、噛まれればいろいろと大変なことになる、かなりリスクの高い相手だからです。

闘いは、マイケルがマムシを雑木林の方から開けた場所に誘導するように先回りして動き、マムシの頭に目がけパンチ。

するとマムシの動きは止まり、威嚇音をシューと出し、鎌首をもたげ、攻撃態勢に入ってマイケルを睨みます。

マイケルは素早くマムシの後ろに回り、今度は尻尾の方にパンチを繰り出します。

パンチを受けてマムシは、尻尾側に向き直し、また攻撃態勢をとるのです。

マムシは完全にマイケルの攻撃に翻弄されています。

一連の行動を何回か繰り返した後、マムシは最後の手段に出るのです。

その最後の手段は、「逃げる」です。

野生動物は敵わないことがわかると、今度はすぐに回避行動に出ます。

生きるか死ぬかの紙一重で暮らしている適正な判断なのです。

その逃げてきたマムシの前には僕が待ち構えていて、素早くマムシを捕まえ、マイケルに気付かれぬように素早く、その場を立ち去るのでした。

マイケルを置き去りに素早く仕事場に戻り、マムシのチェックをします。

マムシには申し訳ないのですが、実はマムシはマムシ酒の材料となる、僕にとっては大切な宝物(虫刺され、傷、体調不良などに効き、特にハチ刺されにはよく効きます)。

マムシの体に傷があると、その傷口から菌が入り、漬けている間に腐敗してしまうことがあり、マムシ酒に使えないのです。

話が脱線しました。

そうです、マムシVS.縁側ネコの闘いは、何戦しても縁側ネコの勝利で終わります。

その理由は、マムシが縁側ネコのスピードに付いていけないからなのです。

しかも、縁側ネコは他のヘビよりマムシが好きなようで、マムシを見つけると必ず仕留めに向かい、雑木林に逃げられても、しつこく後を追います。

ネコVS.マムシは、ネコが100%勝ちます。

獲物が突然消えてしまい、途方に暮れるマイケル。

マムシ酒が気になるシロ。

縁側ネコたちは、ヤマカガシには手を出しません。

温室でウーパールーパーを繁殖しています。

ニホントカゲ。

現にマイケルは、僕がマムシを持ち去った後、マムシと格闘していた場所で忽然と消えたマムシをずっと探し続けていました。

マイケルには不憫な思いをさせてしまいました。

縁側ネコの縄張りの中に一番多く生息しているヘビは、ヤマカガシです。

見かけるヘビの順番を付けると、ヤマカガシ、ヒバカリ、マムシ、アオダイショウ、ジムグリ、シロマダラの順番です。

ヤマカガシ以外のヘビは年間に数匹しか見かけませんが、ヤマカガシだけは夏の間に50匹以上見かけます。

しかもヤマカガシは、縁側ネコの縄張りの中にある、ウーパールーパーの温室の周りで卵を産むため、その卵が孵って赤ちゃんがたくさん現れます。

そんな、ヤマカガシに対して、意外なことに縁側ネコはあまり興味を示しません。たとえヤマカガシが目の前で動き回っていても、少し目で追う程度でそれ以上には及びません。

ヤマカガシ以外のヘビを見つけた場合は、すぐに狩りに掛かり、仕留め、最後は胃の中に入れてしまうのですが、ヤマカガシに対しては無関心です。

これは、ヤマカガシの独特の毒にあるのかもしれません。

実はヤマカガシ、毒蛇なのです。

しかも日本の毒蛇の中で一番毒が強く、しかも首の辺りから毒液を飛ばします。

そんな生物兵器的なヤマカガシだから、縁側ネコも狩りの対象にしないのだと思われます。

ヤマカガシからすると、縁側ネコの縄張りの中で産卵するメリットは、まず縁側ネコがヤマカガシを狩らないということ。

さらには、ヤマカガシを襲うアオダイショウやイタチ、ハクビシンなどの天敵が縁側ネコの縄張りに入って来ないということです。

そう、ヤマカガシは人と同じく、縁側ネコの手を借りて生活していたのです。

ちなみに、ヤマカガシはおとなしいヘビなんです。

実際ヤマカガシを摑みこねくり回すと、死んだマネをするぐらい、実は弱いヘビなんです。

ですが、毒の強さは日本一ですから、ヤマカガシを触ることは出来るだけ避けましょう。

ヤマカガシと縁側ネコの相関関係は寄生なのか？　共生なのか？　今のところヤマカガシ側にしかメリットが無いように思えますが、この先観察を続けていくうちに、もしかすると縁側ネコ側にもメリットがある何かを発見するかもしれませんので、今回はあえて寄生や共生と決めないでおきます。

今後の縁側ネコ学として、里山における縁側ネコとヤマカガシの関係がどうなるか楽し

みです。

話をトカゲに移します。

縁側ネコの縄張り内には、3種類のトカゲが生息していると先に書きましたが、その中でもダントツに多いのはニホントカゲです。

市街地だとカナヘビが多いのですが、里山の主役はニホントカゲです。

ヤモリは事務所周辺に生息していますが、夜の事務所に僕が居ないことなどから、ヤモリは縁側ネコの狩りの対象にはなりません。

ここで、この3種の簡単な見分け方をお教えします。

ニホントカゲは、ツルツルピカピカした肌で、子供の尻尾は青色、親は茶色で、日中活動します。見た目は、どっしりとした感じです。

ニホンカナヘビは、ザラザラした肌で、子供の頃から茶色で尻尾が凄く長く、日中活動します。見た目は、ほっそりした感じです。

ニホンヤモリは、透明感のある肌で、夜に壁を自由に這いまわり、そこに集まって来る虫を食べます。夜間活動します。瞼が無いので、目を舌で舐めます。

我ら縁側ネコの縄張りの中には、小川、畑、土手、石積みがあります。

ニホントカゲは、土手や石積みで日光浴をし、体の温度を上げてから活動に入ります。

縁側ネコは、土手でも石積みでも狙います。

ニホントカゲの姿が見えるとすぐさま体勢を低くし、忍び足でニホントカゲに近づき、射程距離まで詰め寄ると、そこから一気に走り出し、目にもとまらぬ速さで見事にニホントカゲを捕えます。

縁側ネコは、捕まえたニホントカゲをそのまま食べてしまいます。

トカゲで栄養を補給したら、その栄養は次の世代に受け継がれます。春に産まれる子猫を大きくします。

また、ハハケルの仕留めたニホントカゲをもらい、子猫たちは狩りの練習をします。


そんなハハケルですが、子猫がそろそろ独り立ちするという頃、必ず、僕にその子猫を見せに来ます。

見せに来ると言っても、ハハケルが僕の前に座り、「この子たちをよろしくお願い致します」なんてことはなく、ハハが頃合いを見計らい、僕と子猫をただ会わせるのです。

僕と子猫が会うまでの流れはこんな感じです。

前段階としてハハケルが、子猫を縄張りの中に連れてきます。その子猫は茂みの中に身を隠し、僕と縁側ネコとの関係を遠巻きに観察。そしていよいよ、ハハケルが僕に子猫を見せに来る時が来ます。

こんなとこに居たー！　茂みの中で息をひそめていた子猫を発見!

子猫を取り上げました！　ミカンと名付けました!!

ハハケルが温室の前に現れ、聞き慣れない鳴き声を出し、僕の気を引きます。

実は、聞き慣れない鳴き声は、僕の気を引くと同時に子猫を呼ぶ鳴き声なのです。

その声で、僕も子猫もハハケルのところに集まります。

まさにその時が、僕と子猫のファーストコンタクトになるのです。

ファーストコンタクトから数分後、子猫は僕の足元を元気よく走り回ります。

その日から僕と子猫の関係は、ハハケルをはじめとする同じ群れの仲間になるのでした。

ハハケルが行う子猫を僕に見せに来る行動は、子猫が縁側ネコとして独り立ちするための最後の儀式のような気がしてなりません。

今までに、第1世代のマイケルをはじめ、その後のミケ、ハチ（ともに第2世代）、モフ（第3世代）、最後のミカン（第6世代）までのすべての個体をハハケルは、僕に見せに来たからです。

しかし、その時、確認した子猫がすべて育つわけでは、アリマセン。

例えば毎回5匹の子猫が産まれても、生き残って群れに加われるのは1匹いるかいないかなのです。

里山の縁側ネコの子猫の生存率は非常に厳しいのです。

そのため、縁側ネコが爆発的に増えてしまったことはアリマセン。

そう言えば、街の縁側ネコの変わった子育てエピソードもありました。

それは、先に出てきたトラという、サルを追った避妊済みの♀ネコにまつわるお話です。

トラの避妊手術が終わり、1週間後。

夏の暑い日差しの中、トラは落ち着きもなく倉庫にちょくちょく行っていました。

トラの後を付け、僕も倉庫に忍び込みました。

すると、倉庫の奥の方から、子猫のか細い鳴き声が聞こえてきました。

その声を確かめるべく、僕が倉庫の奥へ向かうと、そこにはトラと見知らぬ子猫が居るではありませんか。

僕が近づくと、その子猫は素早くどこかに消えて行きました。

消えた子猫を追って、トラもまた同じ方向に消えました。

この時、僕の頭の中にもの凄い疑問が湧き上がりました。

「避妊したはずのトラになぜ子猫がいて、しかも育てているのか？」

僕は一人でブツブツ言いながら推論を立て、家に帰りました。

しばらくするとトラも家に帰って来たので、トラが家にいるうちに僕は素早く倉庫に確認に行きました。けれど、先ほど見た子猫は倉庫の奥にはいません。

子猫は本当に実在しているのか？　単なる見間違いだったのではないのか？　僕はその場で自問自答をしました。

それからしばらくして、トラがまた子猫の世話をしている姿を目撃します。

避妊したはずのトラは、密かに母親(伝説のハハ)に代わって子猫(弟ミミ)を育てていた!

モフの幼少期はこんな感じでした。

母親と姉(トラ)に育てられたミミ。

ハハケルとミカン。

この茶トラの子猫は
すぐにいなくなってしまいました。

そこに（僕の家の）大家さんがやって来て、トラと子猫の関係を僕に教えてくれました。

「子猫の名前は、ミミ。トラの子供ではなく、トラのお母さんが産んだ子供だよ。だから、トラとミミは姉弟《きょうだい》なんだよ」

しかし、いくら姉弟だからといって、どうしてトラがミミの世話をしているのか？

その答えは、トラとミミのお母さん（伝説のハハ）が高齢だったため、ミミの世話をトラが代わりに行っていた、でした。

ここでもう一つ、大きな疑問が生じます。

トラは避妊しているのでお乳が出ないのに、乳呑児のミミをどう育てているのか、という疑問です。

が、その謎もすぐに解決しました。

授乳の時だけ、お母さんがやって来てミミにお乳を与えていたのでした。

つまりは、お母さんとトラの2匹で、ミミを育てていたのです。

正直、驚きました。まさか、縁側ネコが、そんな社会性を持って行動していたとは……。

このことを経験した僕は、縁側ネコの行動をより深く研究するようになりました。

夏は、縁側ネコが爬虫類から栄養を得て、子猫を育み、そして子猫を見せに来る、忙しい季節なのです。

autumn

秋

縄張りは守る！　野生動物撃退！

秋は果物が実り、収穫の季節です。

甘い果物を狙い、山から野生動物が果樹園へ下りて来ます。

ブドウやリンゴはシカ、イノシシ、サルの大好物。

秋は野生動物による被害が一番多い季節ゆえ、縁側ネコが大活躍します。

僕の仕事場の地域は、毎年秋になると、野生動物による食害を受けています。

その食害をおよぼすのは、シカ、イノシシ、サルの順に多く、農家さんを苦しめています。

シカ、イノシシ、サルについては、すでに触れていますので詳しくは書きません。

ここでは、シカたちと闘う一番の動機である、縁側ネコの縄張りについて詳述します。

僕の仕事場の畑や敷地と、両隣の敷地を合わせると、直径約100メートルになります。

その範囲だけは、縁側ネコが定着してから今まで約5年間、野生動物による食害を受けていません。

6年前まで、右のお隣さんは収穫寸前の作物をイノシシにすべて一晩で食べ尽くされたり、左のお隣さんは干していた枯露柿《ころかき》（干し柿）をサルに食べられたりしていました。

6年前は、ハハケルとマイケルの2頭しか、縄張りにいませんでした。

それから、1年ごとに少しずつハハケルの子供が増えていき、トータルで常時5匹ぐらいが縄張りを守るようになりました。

実際、縁側ネコ2匹で守れる範囲には限界があり、約100メートルの縄張りを完全には守れなかったのですが、それが5匹になると縄張りを完全にカバーできるようになりました。

読者のみなさまは、ここで疑問が生じるはずです。

年々少しずつ子が増えていくのに、なぜトータルで常時5匹ぐらいしかいないのか？ということです。

タヌキなどに襲われてしまい、命を落とす子猫が大半であったとしても、です。

その答えは、「オスの縁側ネコが成獣になると、群れ（縄張りから）を離れて行くから」です。

オスの縁側ネコが成獣になるのに、産まれてから約2年かかり、その間に食べ物や狩りの仕方、野生動物との闘い方、縁側ネコ同士の社会性などを、ハハケルや先に産まれたきょうだいから教わります。

群れを出て行く理由は、近親交配を避けるためだと思われます。

そして、もう群れには帰って来ません。

大体のオスが秋に群れを離れて行きます。

ところが、昨年初めての居残りオス？　いや、出戻りオスが1匹出ました。

彼の名は、モフ。

一度秋に群れを離れましたが、16日後に突然群れに舞い戻り、再び平然と暮らしはじめたのでした。

このモフの出戻りの一件から、面白いことがわかってきました。

縁側ネコの群れの実権を握るのは、ハハケルを中心とした女系家族で、メスであれば縄張りに残ることが許されます。

一方、オスは成獣になると、自らの意思で縄張りから離れて行きます。

にもかかわらず、モフは帰って来た。僕の頭の中に「?」がたくさん浮かびました。

その「?」を解明するため、帰って来たモフを四六時中観察し、その結果、僕なりの答えが見つかりました。

それは、縄張りの用心棒&教育係説です（あくまでも僕の立てた仮説です）。

今、群れにいるのはハハケル、ミケ、ハチ、アズキ（第4世代）のメス成獣の4匹。それに、ミカン、リビア（ハチの子）という昨年産まれたオス幼獣2匹がいます。

すると、成獣の数は4匹で幼獣は2匹、しかも幼獣2匹共にオス。トータル大体5頭説に従うならば、成獣の数が1頭足りません。

成獣が1匹足りないと直径約100メートルの縄張りをカバーしきれないので、それでモフは帰って来たような気がしてなりません。

いくら群れに2匹のオスが居たとしても、今の段階では戦力外の幼獣でしかないからです。

さらに、帰って来たモフに対して、ミカンが素早く反応。凄い勢いでコピーを始めました。

朝、仕事場に着くと、真っ先にモフとミカンの2匹が僕のところにやって来て、モフがする行動をミカンがマネしていました。

それからしばらくして、ミカンの顔が傷だらけになっていました。おそらく夜の間に縄張り内に侵入した、他の縁側ボーイと喧嘩をしたに違いありません。

この喧嘩からミカンはモフのコピーを終えました。

すると今度は、リビアがモフの行動をコピーしはじめました。

リビアは、ハチの子供であり、ハハケル直系の子供ではないため、少し引いた位置から僕に接していました、接するというか、遠くから僕を観察していました。

そんなリビアが変わります、激変です。

モフは、僕のことをある意味、群れの長として見ているので、僕に会うとまずは挨拶に来ます。

その挨拶は、足にスリスリしたり、しゃがんでいると背中や肘にスリスリしたり、といったことです。

これを見ていたリビアは、モフにくっついて僕の足元にやって来て、同じ行動を取ったのです。

これには僕の方が驚きました。

モフの行動をコピーしまくるミカン。

喧嘩で傷だらけの毎日。可愛かった幼少期の面影はなく、
ミカン、日々たくましく成長しています!

それからは、リビアは四六時中モフに付いて歩き、コピーをしまくっています。

そして、今はモフ、ミカン、リビアの3匹で群れの中にオス同盟を作り、畑に行く僕の後を3匹で付いて来ます。

と、ここまでモフにまつわる話を書いてきたのですが、モフ出戻りの謎に関して最近、決定的な理由が見つかったので発表します。

なんとモフは、三毛の♂！　じーっと観察を続けていて気付きました。

メスの三毛猫はたくさんいるのですが、オスの三毛猫は非常に珍しく、誕生の確率は3万分の1とも言われる超レア種。誕生の理由は染色体異常のようです。そしてオスの三毛猫は生殖能力がない、または極めて低いのであります。

それで縁側の縄張りに居続けることが出来るという訳なのですね！　うーん、縁側ネコは奥が深いです……。


9月のある日、僕が仕事場の温室で作業していると、外から聞き慣れないネコの声が聞こえました。

ネコの鳴き声を辿り、僕は外に出ると、使っていない犬小屋から声がします。

その犬小屋を覗き込むと、そこには見たことのない小さな白い子猫がいました。

そこで僕は近くにいた、ハハケル、ハチ、ミケに対して、

「オイッ、この子は一体誰の子供なんだい」と、聞いてみました。

ですが、♀ネコ3匹は返事もせず、白い小さな子猫の鳴き声に対しても、まったく反応を示しませんでした。

まーたしかに、僕の問いかけに答える訳はないのですが、目の前の白い小さな子猫の鳴き声に母ネコなら少なくとも何かの反応を示してもいいはずなのですが、それもなかったため、さすがに僕も困ってしまいました。

さらに困ったことに、その白い小さな子猫の左目は目ヤニで塞がっていたのです。

この状況からすると、母ネコが小まめに面倒をみていない様子でした。

しかし、そのうち母ネコが連れて帰るだろうと、犬小屋に白い小さな子猫を残し、僕は仕事に戻りました。

仕事を終え、犬小屋を覗くと、なんと犬小屋にまだ白い小さな子猫がいたのです。

時刻はもう夕方で、あと30分もすれば、日が落ち、里山は野生の時間になります。

僕は決断を迫られました。

現状、白い小さな子猫の片目は塞がり、動く範囲を制限され、毛の色は白で目立ち、黒目の色が真っ赤のアルビノです。

この子をこのまま犬小屋に残していったら、確実に里山の掟通り食べられてしまいます。

そうです、アルビノは里山では生き残れないのです。

縁側ネコから唯一の飼い猫になったシロ。
目立つ外見から他の動物に襲われてしまうため、ハハケルから託されました。

僕は決断しました。

目の前の白い小さな子猫を保護しようと決めたのです。

決めたからには早速、奥さんと娘を呼び、3人で捕獲作戦を開始したのですが、いざ捕えようとすると意外にすばしっこく、捕えるのに少し時間が掛かりました。

捕えられた白い小さな子猫は、暴れたり嫌がったりせず、娘におとなしく抱っこされていました。

心配なのは、塞がっていた目です。

ですが、湿らせたタオルで少し拭いただけで、瞼が開き、目が見えることを確認出来たうえ、目玉も無傷だったので安心しました。

保護した白い小さな子猫を、その場でシロと名付けました。

保護すると決めたのですが、ダメもとで再度その場にて親探しを試みました。

3頭の♀ネコすべてにシロを近づけてみましたが、まったくの無反応。諦めて家に連れて帰ることにしました。

シロは、その後すくすくと成長し、今、僕の家の一員になっています。

縁側ネコから唯一の飼い猫になったのでした。

話はここで終わりません。

なんとシロを保護した翌日、ハハケルは、何食わぬ顔でシロと同じ大きさの同じ毛質の黒い子猫を連れて歩いていたのです。

これを見て、僕は、ハハケルにしてやられたと気付きました。

シロは白毛の赤目です。里山では目立ちすぎます。

そのため、シロはハハケルから親離れした瞬間に他の動物に襲われてしまう確率が高い。

そこで、僕に（人に）シロを託したのでした。

いわゆる、「托卵」ですね。卵ではないので正確には託児になるのですが、野生なのであえて托卵と言いました。

実は、縁側ネコの託児行動は、先に触れた、街の縁側ネコのトラがトラの母親（伝説のハハ）の子供のミミ（トラにとっては弟）を育てたことと同じで、現象としてはよくあることなのですが、なにせ今回はネコが人に託児をしたのです。

これには本当に驚かされましたが、それだけ僕はハハケルから信用されているようです。

人としてなのか？　大きなネコとしてなのか？　わかりませんが。


秋は、冬に向け縁側ネコたちが肥えていきます。

正に天高くネコ肥ゆる秋なのです。

野生動物たちと闘いながら、畑のバッタ、チョウ、コガネムシの幼虫、カマキリ、カマキリに寄生しているハリガネムシまで食べ、畑は縁側ネコの食べ放題天国になります。

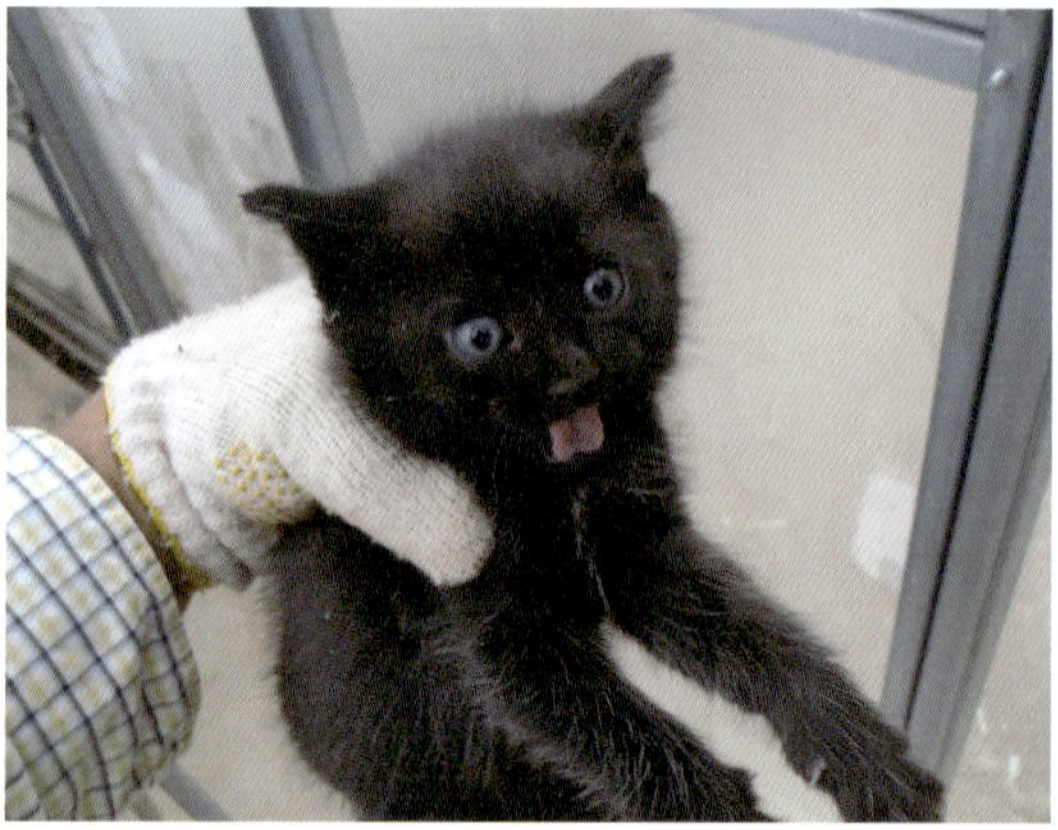

この黒の子猫は、シロと違ってハハケルが自分で育てていました。

正に食欲の秋なのです。

そんな秋には、新たな旅立ちがあります。

成長した♂は群れから出て行き、秋が終われば、里山に寒い冬が来るので、縁側ネコの群れでの集団行動が活発化します。

ネコは、よくトラ（単独行動）のようだと形容されますが、縁側ネコと長く共に過ごし観察し続けると、縁側ネコの行動は、かなりライオン（群れ行動）に近いと確認出来たり、自由なようでいて、意外と毎日決まったコマで正確に動いていることがわかったりします。

そして寒い冬の準備で、毛が日に日に伸びていき、フワフワになっていきます。

秋の初めは、体毛もまだ短く体も太くありませんが、秋の終わりには体毛は長くなり、密になっていきます。

体も冬の寒さに耐えられるようにたくましくなっていきます。

冬を生き抜くため、秋になるととにかく食べるのです。目につく動くものは。

縁側ネコが日向《ひなた》で毛繕いをしていると、その目の前の地面にタテハチョウの仲間がよく飛来します。

すると縁側ネコは、たちまち身を屈めて攻撃態勢に入り、そして飛びかかるのです。

チョウは春から秋にかけて縁側ネコの狩りの対象ですが、秋にはもっと多くのムシが畑にやって来ます。

秋のムシの代表は、ズバリ、カマキリです。

カマキリといっても、縁側ネコの縄張りには、オオカマキリ、ハラビロカマキリ、コカマキリの3種がすんでいます。

その中でも、オオカマキリとハラビロカマキリは、秋になると水を求めて畑や温室に現れる頻度が高くなります。

その訳は、ハリガネムシ。

ハリガネムシとは、カマキリやイワナのような肉食の生物に寄生する寄生虫の一種で、名前の通り、ハリガネ状の硬い生物です。

ハリガネムシはカマキリの体内で成長し親虫になると、カマキリを水のある場所まで誘導します。

それで、カマキリを水の中に飛び込ませるのです。

カマキリが水に入ってからしばらくすると、ハリガネムシはカマキリのお腹から水の中に出て行き、寄生生活を終えるのです。

そんなわけで、縁側ネコがウロウロしているところに、ハリガネムシを宿したカマキリが飛来したり歩いたりして集まるのです。

集まって来たカマキリは、すぐさま縁側ネコに狩られ食べられてしまうのですが、この時に縁側ネコの個性が出るのです。

縁側ネコたちの行動様式はライオン（群れ行動）に近いです。

秋の虫の代表カマキリと対峙するミカン。

秋の畑にはバッタが
たくさん現れます。

カマキリに寄生するハリガネムシが
危険を察知して這い出る。

野性あふれるリビアは食べ方もワイルド。

ミカンの場合は、カマキリを頭から食べます。

するとハリガネムシは、危険を察知しカマキリから這い出て行きます。

結果ミカンの食べ方ですと、ハリガネムシを食べないで、カマキリだけを食べることになります。

大半の縁側ネコがミカンのようにハリガネムシを食べないでカマキリだけを食べる、そういう食べ方をするのですが、リビアは違いました。

リビアの場合は、頭を噛んですぐに腹や胸をムシャムシャと食べてしまうので、ハリガネムシごとカマキリを食べてしまうのです。

寄生虫を食べて平気なのか？と気になった方もいるでしょう。

しかし、寄生虫のサイクルは意外とシビアにできており、縁側ネコがハリガネムシを食べても縁側ネコがハリガネムシを宿すことはないのです。安心して下さい。

そして、秋が深くなると、カマキリは消えるのです。

しかし、次なるムシが現れます。

それは、コガネムシの幼虫です。

コガネムシの幼虫は抜いた雑草の下や草の根元にいるので、縁側ネコはそれを掘り起こし食べるのです。

狩りというよりは、発掘ですね。

縁側ネコは地面に鼻を付け、耳で音を聞き、ココ！となったら軽く土を掘ります。するとそこには、確実にコガネムシの幼虫が居るのでそのまま食べてしまいます。

僕は、地面の下に居るコガネムシの幼虫を探り当てるのを目の当たりにして、ネコという生き物は一体どこまで凄いのかと、考えさせられました。

そして、この能力はすべてのネコに備わっているのか、それとも縁側ネコだけなのか、または体毛の色によっても変わるのかと、さまざまな疑問を抱きました。

この件については、まだ答えは出ていません。

見えるモノで縁側ネコが絶対に手を出さないムシが居ます。

それは、スズメバチです。

スズメバチが縁側ネコの近くに寄って来ても、縁側ネコは絶対に手を出しません。

これは誰に教わる訳でもありませんが、子猫の頃からスズメバチには手を出さないのです。

以前、僕はこれを確かめるべく、意地悪な実験をしました。

生きたオスのスズメバチを縁側ネコの前に置き、どう対応するか観察したのです。

ちなみに、毒針を持っているのはメスのスズメバチで、オスのスズメバチは毒針を持っていないため、縁側ネコや人間にとってまったく無害です。

縁側ネコたちの目の前にオスのスズメバチを置いて、実験が開始されました。

静かな立ち上がりです。縁側ネコはオスのスズメバチをチラッと見て前を通過、オスのスズメバチがいくら動いても気にしていない様子ですが、オスのスズメバチとは一定の距離を保っています。

それから、しばらくそのような時間が続き、しまいに縁側ネコはオスのスズメバチの前から消えてしまいました。

ここで実験は終了です。

この実験の結果から、縁側ネコはスズメバチを視覚的に認識していること、そして、オスのスズメバチにも手を出さないことがわかりました。

縁側ネコが視覚に頼っているため、スズメバチがオスであろうとメスであろうと、スズメバチであれば手を出さないのです。

コガネムシの幼虫を掘り当てて食べるぐらい、食べることに長けている縁側ネコですら、無害で食べられるはずのオスのスズメバチは食べないのです。

言い換えれば、縁側ネコはスズメバチのオスメスを見分けることは出来ないのです。

これも縁側ネコの不思議ですね。

不思議ついでにもう一つ。

お隣さんの奥のお宅が昨年4月に空き家になりました。

そのお宅にもブドウ畑があるのです。

今までそのお宅も縁側ネコの縄張りだったようで、縁側ネコが定着してから食害を受けたことはアリマセンでした。

しかし、4月からは誰も家に住まなくなり人の気配が消えたため、縁側ネコたちもそのお宅には行かなくなりました。

ブドウ畑は、お隣さんが引き継ぎ、ブドウの管理をし続けてきました。

そして迎えた収穫の秋です。

ところがと言いますか、やはりと言いますか、このブドウ畑にイノシシが侵入し、収穫間近のブドウを食べてしまったのでした。

この結果からわかることは、縁側ネコたちの行動範囲に必ず人が介在しているということです。

よくネコは〝家に付く〟と言われますが、今回の状況からすると、〝家に付く〟のではなく〝人に付く〟ということがわかります。

それと、やはり縁側ネコたちが行かなくなった途端、野生動物は畑に侵入して来ることがわかりました。

この件でお隣さんから相談を受けたので、あるちょっとしたプランをお教えし、お隣さんが実行したので、それからは野生動物による食害はアリマセン。

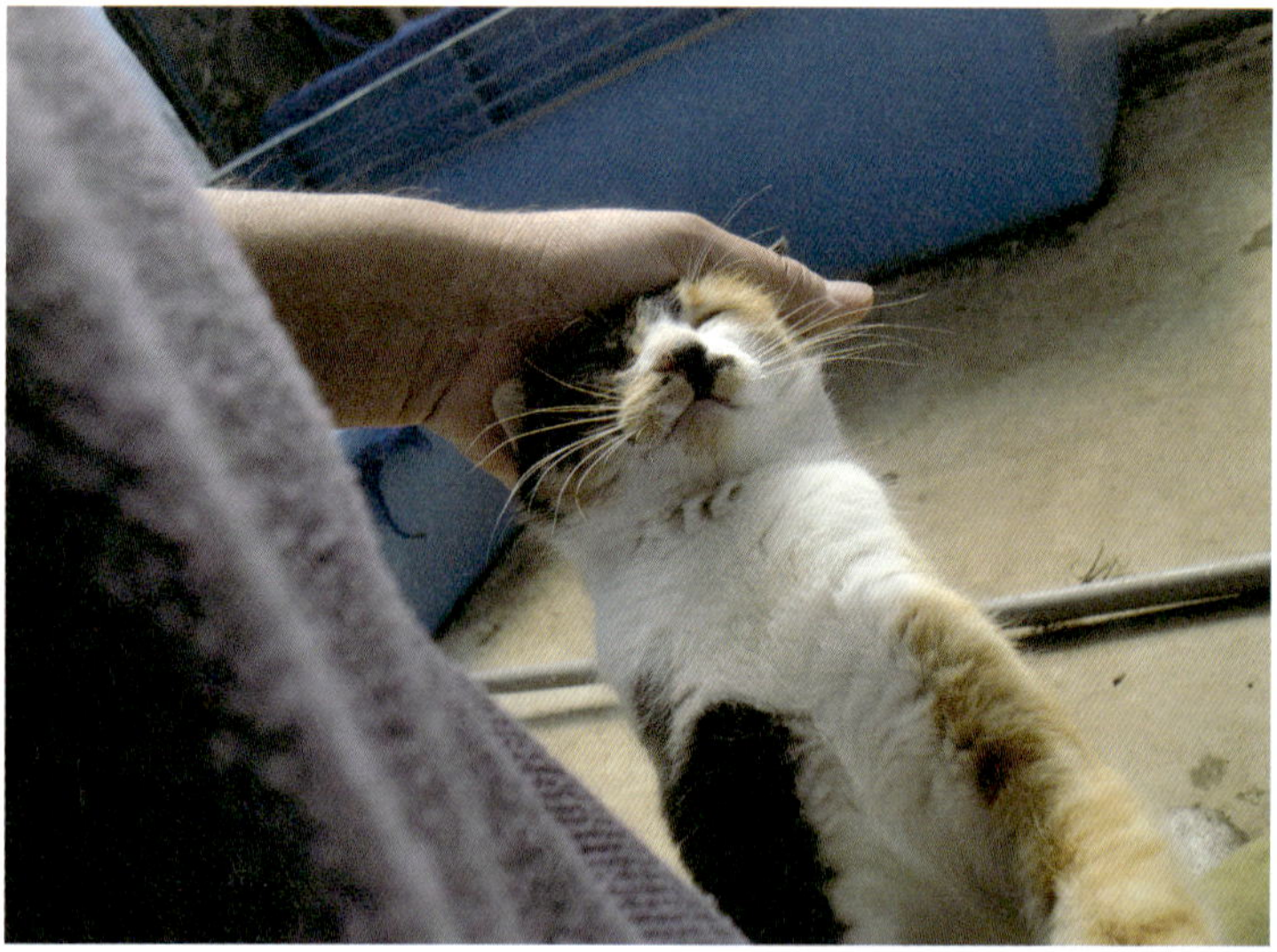

縁側ネコの行動範囲には必ず人が介在。縁側ネコは“家”ではなく“人”に付きます。

木に登った高い場所から見張るトラ。

トラのストーカー・ポンタは大きいネコです。

秋は、縁側ネコたちの不思議がたくさん詰まった季節です。

賑やかな畑も終わり、たくさん食べて縁側ネコが肥えはじめ、いよいよ寒い冬がやって来ます。

winter

冬

縁側ネコはコタツで丸くならない！

冬は、寒くて日が短い季節です。

縁側ネコが一年で一番体が大きく膨らみ、体毛もフワフワで見た目が最も可愛い季節です。

縁側ネコたちが縁側に集まり、肩を寄せあわせて雪や寒さに耐える姿は、見ている側からすると大変厳しく感じますが、実際縁側ネコたちからすると夏の方が厳しいのです。

その証拠に、夏エアコンの効いた快適な部屋を覚えてしまうと、毎日やって来て部屋に入れろ、入れろと騒ぎますが、冬になり部屋に炬燵《こたつ》を設営しても縁側ネコたちは炬燵には入ろうとはしません。

一般に部屋で飼われているネコと違い、縁側ネコたちは常に野外で生活しているため、シッカリと季節に合わせて体毛が抜け替わるのです。

冬場は、体毛が密になりフワフワで暖かいため、仮に炬燵に入ったとしても暑すぎて、すぐに炬燵から出て行きます。

強引に入れたら、縁側ネコは「暑いにゃー、何てことをするんにゃー」と思うはずです。

ですが、一般的に冬場のネコに対するイメージはこうです。

ネコは寒がり屋さん。

実は暑がりで寒さに強いのですが、このイメージを植え付けたのは、みなさんがよく知っている、童謡「雪」なのです。

歌詞の一節にある、「ネコは炬燵で丸くなる」を歌い継いでいくうちに、ネコというのは炬燵で丸くなる生き物なのだという認識が定着していったのでしょう。

しかし、実際ネコが炬燵で丸くなることがあります。

それは、ネコが炬燵内にて一酸化炭素中毒で死亡する時です。

これは、昔の炬燵の熱源と関係があります。

昔の炬燵は、今と違い木炭や石炭で暖を取っていました。

何かしらの理由でネコが炬燵内に侵入し、そこで寝入ってしまい、知らぬ間に一酸化炭素に巻かれ死亡。その姿のまま人に発見されることが多かったため、「ネコは炬燵で丸くなる」という表現が出たのではないかと、僕は思うのです。


雪の話が出たので、雪の日の縁側ネコの行動について、少しお話しします。

縁側ネコたちは、雪が積もる中、平然と雪の中を歩いてやって来ます。

雪は平気ですが、こと、大雪となると話は違います。

その大雪の時に起きたエピソードがあります。

このエピソードの主人公は街の縁側ネコのトラです。

大雪の時に、縄張りを見回らなかったことで起きた大事件なのです。

その年は、何百年かぶりの大雪で、街も里山も大変でした。

あまりの雪の凄さに、僕も家から出ることすら出来ませんでした。

そんな状態がまる一日続き、その間、縁側ネコのトラも外に出るのをすっかり諦め、雪が止むまでずーっと家の中に居たのです。

翌朝、雪が止み、敷地を回ってみると、なぜか雪の上に柿の種が落ちていたのです（柿の種と言っても、お菓子でなく、本物の柿の種です）。

その柿の種は、倉庫の方に向かい点々と落ちていました。

そこで僕は、事の大きさに気付きました。

「こ、これは!?」と倉庫に向かうと、倉庫の中に吊るして干してあったはずの30個の干し柿が見当たらないのです。

これには、僕も堪らず、「や、や、ヤラレタ!!」と呟き、踵を返し、柿の種の方に戻りました。

僕は、この現状を見て即座に2つの仮説を立てました。

1つは、明け方にサルが来て食べた説、もう1つは、ハクビシンが夜の間に来て食べた説です。

なぜこの2つの仮説なのかは、吊るしてあるというのがポイントです。

吊るした足場を登ることの出来る動物、言い換えれば普段の生活で普通に木の上を移動できる動物は、サルとハクビシンの2種類だけだからなのです。

この2つの仮説から、答えはすぐに出ました。落ちていた柿の種の脇にあった足跡が決め手です。

脇にあった足跡は、ネコのような形でしたが、その足跡の指は5本でした。ネコは4本です。

そうなれば、もう簡単です。干し柿を食べる、指が5本の生き物と言えば、日本で唯一のジャコウネコ、ハイ、そうです、ハクビシンです（仮にサルだったなら、足跡は人の手の様な形なのですぐ判別出来ます）。

そうなんです、大事件とは、大切に育て上げた、いえ、大切に作り上げて食べるのを楽しみにしていた、干し柿30個が一夜にしてハクビシンに食べられたことでした。

この本を読んで下さっている、みなさま方からすれば、なんだ、大した事件ではないではないか、とお思いかと存じますが、それがそうではないのです。

干し柿とは、時間と手間のかかる加工食品で、ただ渋柿の皮を剝いて干したものではアリマセン。皮を剝いてから、干し、頃合いを見計らって揉み、また干しなどの作業を経てやっと食べられるようになるのです。

そんな大切な干し柿が、たった一日、縁側ネコが縄張り巡回しなかったことにより、すべて食べられてしまうのです。

しかし、僕はこの結果に満足してもいました。

勿論、大切な干し柿が全部食べられたことは悲しいですが、もっと大きな収穫があった

マイケル、どうした!?

平然と雪の中を歩く縁側ネコたち。
(写真:上・中はリビア、下はアズキ)。

シロは雪が大好きです。

大事な干し柿を
奪っていったハクビシン。

トラとシロ。
縁側ネコにとって炬燵は暑すぎる。

からです。

それは、トラ（街の縁側ネコ）が縄張りにいない時は、ハクビシン（野生動物）が縄張りに侵入するということが、はっきりわかったからです。

逆を言えば、いかに普段トラが縄張りを守っていたかということの証明にもなったからなのです。

この大雪の事例から、改めて縁側ネコによる野生動物対策は有効であることが証明されたのでした。

雪の件はこのくらいにして、冬の鳥についても少しお話しします。

冬になると、畑の周りにはモズがやって来て、縄張りの主張をします。

モズと縁側ネコの接点は同じ縄張りにいることですが、モズは低い位置（縁側ネコが届く距離）に下りてはこないため、縁側ネコの狩りの対象になりません。

モズの他に縁側ネコの縄張りに来る鳥で、縁側ネコが狩れない鳥がいます。

それは、セキレイです。

セキレイはモズと違い、縁側ネコの縄張りのど真ん中に下りてきて、餌を啄《つい》ばみます。

これはかなりいい度胸で、見ているこちらが冷や冷やしますが、セキレイはお構いなしにチョロチョロと畑を走り回ります。

そんなセキレイに縁側ネコたちは少し興味を示すのですが、セキレイの方が動きが速いためか、はたまた、セキレイは縁側ネコにとって美味しくない、または毒なのかわかりませんが、近くにいても襲い掛かりません。

縁側ネコに一番狩られるのは、特定外来種のガビチョウです（ガビチョウは、元々日本にいなかった鳥で、さまざまな理由から飼育が禁止されています）。

ガビチョウは低い位置に止まり、さらに藪の中にいるため、縁側ネコが簡単に捕えてきます。

追い回して、ジャンプして捕える訳でもないので、縁側ネコからしたらかなり緩い獲物です。

他の鳥を獲る時は、そーっと近くの茂みまで行き、そこから一気に走り出て、垂直にジャンプして鳥を叩き落とします。

この時の縁側ネコの姿は、野生動物そのものです。

鳥以外では、冬の狩りの主役はネズミです。

ネズミは、一年中、縁側ネコの狩りの対象ですが、冬場は特に多い気がします。

僕は、今、ネズミについて書いていて気付きました。

事務所、温室、家のすべてで、もう何年もネズミを見ていないことを。

そうなんです、縁側ネコが定着する以前は、〝ネズミ捕り〟でネズミを捕るぐらいネズ

セキレイはネコよりも足が速い! 縁側ネコの連中は諦めて狩りの対象としません。

ですが、若いリビアはセキレイを諦めきれず、この体勢! 明らかに狙っています!

それを冷ややかに見つめるハハケル。「まーなんと無駄なことを!」とでも言いたげ。

……息を殺して、気配を消して一……

ダッシュ!するも、ダメ×何度やっても獲れません。

野性丸出しのリビア。
怖いもの知らずの
イケイケな若衆です。

ミがいたのですが、それがいつしかネズミを見なくなりました。

何を当たり前なことを言っているのかと、おっしゃりたいのは重々承知しています。

ネコがネズミを捕る、本筋から考えると当たり前のことです。

ネコはネズミの天敵ですから。

人とネコが関わるようになったのも、元をただせばネズミ退治からなのです。

農耕が始まり、集められた穀物を貯蔵し始めると、それを狙いネズミが集まり、そのネズミを狙って原種ネコがやって来たことから、人との関係が始まり、人の傍らでネコが暮らし始めたのです。

その基本を忘れてしまうぐらい、縁側ネコの世界は興味深いのです。

縁側にネコが居る風景、畑にネコが居る風景、そして四季折々の季節にネコが居る風景を観察することで、人が介在し、つくり出した里山や街には、縁側ネコが必ず必要な存在なのだと改めて確信する毎日です。

epiLogue

エピローグ

縁側ネコ学の可能性

僕が縁側ネコによる野生動物対策に真剣に取り組みだしてから、最初の発表の場を与えて下さったのは、映像制作会社「アルファ企画」の佐々木仁社長でした。

あるイベントで僕の講演を聴いていた佐々木社長から声を掛けて頂き、その流れで講義DVD「縁側ネコ学」が出来ました。

それから、縁側ネコ学が徐々に動きだしました。

まずは、にゃんこマガジン（ウェブサイト）にて、「可愛いだけじゃニャーイ！のよ、縁側ネコはねっ」の連載が始まり、その動きの中で、ある大学に伺い、縁側ネコ学のさまざまな可能性についてお話をさせて頂けるまでになりました。

個人的に始まった縁側ネコ学の最初のコンセプトは、「果たして、縁側ネコによる野生動物対策が出来るのか？」でした。

プロローグでも触れましたが、たまたま里山の敷地にハハケルがすんでいて、そのハハケルがマイケルとジャクソンを連れて来たところから観察が始まり、マイケルとジャクソンが縄張りで暮らし始めるのとほぼ同時に、なんと今度は街にトラが現れたのです。

ある日、仕事に行くために外に出ると見慣れないネコが、車の下から出てきました。

「あー、ネコねっ」と、僕が見ていると、そのネコは不機嫌そうにこちらを眺めていました。その場ではあまり気にせずに、僕は車に乗り込み、仕事場に行ったのです。

いつものように仕事をこなし、その後、ハハケル、マイケル、ジャクソンを観察して、ご飯を与え、一路車で家に帰りました。

家に着き、車から降りると、何とそこには今朝のネコが待っていたのです。

これが僕とトラとの出会いでした。


話は続きます。

それから、しばらくそんな状態が続き、とうとう、トラと名前を付けて、家に迎え入れたのです。

そんな中、大家さんがやって来て、「ショウちゃん来てない？」と聞いてきました。

ショウちゃん？と聞き返すと、僕の後ろからトラが大家さんのところにすり寄って行きました。大家さんは、おもむろにトラ、ん？ ショウちゃんを自転車のカゴに乗せ、走り去って行きました。

それから何時間後に、トラは家に帰って来たのですが、また大家さんがやって来て、「さっき避妊の手術をしてきたから」と、サラッと告げて帰って行きました。

トラは僕の家に来る前に、大家さんの家でご飯をもらっていたのです。

ご飯は大家さんの家でもらい、休息のための寝床に我が家を選んでいたのでした。

トラからすれば、僕の家が完全なる縁側だったのです。

ちなみに、トラは僕の呼び名で、大家さんの家ではショウちゃんと呼ばれていました。

この名前問題は、縁側ネコではたびたびあるケースです。

里山の縁側ネコでも、こんなことがありました。

サルの件で地域の公民館にて講演した後の雑談の中での話です。

僕がハハケルの特徴を話していると、ある方から同じ特徴のネコがたまに来ていると、しかもその方の家では、デイジーと呼ばれていました。

さらに、あーそのネコなら家にも来ていたなーっと、また別の方が話し掛けてきました。

その方の家では、タマと呼ばれていたのです。

縁側ネコは、寄る家々の分だけ名前が付いていることがこの時、判明したのでした。

この名前問題もまた、縄張りを決めるまでの縁側ネコらしいケースです。

上記のように、たまたま、里山の縁側ネコと街の縁側ネコがほぼ同じタイミングで僕の前に現れたため、里山の縁側ネコと街の縁側ネコの比較検証が出来たのはラッキーなことでした。


さらに興味深い比較検証も出来ました。

避妊されていない縁側ネコと避妊されている縁側ネコとの比較検証も同時に出来たのです。

里山と街の生活環境の違いはこれです。

里山の縁側ネコたちの生活環境は、山を背負い、畑と温室、家の縁側があります。ご飯は一日2回、朝晩与えます。

街の縁側ネコたちの生活環境は、大きな川と桃畑、道路、家があります。ご飯は一日2回、朝晩与えます。

そして僕の生活環境はと言えば、仕事場に行けばネコ！　家に帰ればネコ！

そうです、僕の生活のすべてが縁側ネコ中心になったのです。

比較検証は続きます。

里山では、シカ、イノシシ、サル、タヌキなどの野生動物対策を確認。

街では、トラがすみ着く以前は、キツネ、アライグマ、タヌキ、ハクビシン、サルなどの野生動物の通り道になっていて、夜家に帰ると車の前をキツネが走り去ったり、玄関に気配を感じて外を見てみると、アライグマがこちらを眺めていたり、裏の桃畑にてタヌキとアライグマが喧嘩をしていたりしましたが、トラがすみ着いてからは、これらの野生動物を目にすることがなくなりました。

なぜ野生動物たちは、縁側ネコに劣勢を強いられるのでしょうか。

一つには、縁側ネコは縄張り意識がとても強く、自分より大きな野生動物に怯まず向かっていく気性の強さが重なり、縁側ネコの縄張りに侵入する野生動物に対して、容赦ない攻撃を仕掛けていくということがあります。

縁側ネコたちは寄る家々の分だけ名前が付いています。

街(山梨県山梨市)では玄関先に
アライグマが現れます。

トラクターに乗り込むトラ。
大家さんの家では別の名前です。

ミケでーす。

また、野生動物が脅威に感じるのは、ネコの攻撃パターンです。

ネコは、相手の弱点である鼻先を目がけてネコパンチを繰り出します。繰り出したその爪には菌がたくさん付いているため、軽い攻撃でも野生動物はすぐに逃げて行きます。

ネコの攻撃がうっかり鼻に当たってしまうと、その菌が命取りになることを、野生動物たちは知っているからでしょう（僕の仮説ですが）。

縄張りに侵入した野生動物に対して、強烈な先制攻撃を仕掛け、ひるんだ相手に執拗に迫り、縄張りから逃げ出て行くまで、ひたすら追いかけ回す――。

縁側ネコの凄さ、恐ろしさは、この執念とも言うべき2段攻撃にあるようです。

その恐怖をインプットされた野生動物が増えれば増えるほど、野生動物たちは縁側ネコを避けるに違いありません。

里山の縁側ネコ、街の縁側ネコ（避妊済み）双方で、野生動物対策は同じように出来ることがわかりました。

ここで、最初のコンセプトである、「縁側ネコによる野生動物対策が出来るのか」の答えが得られたのです。検証結果から導きだされた答えはこうです。

「縁側ネコがすむ縄張りに野生動物は侵入しない、もしくは侵入したがらない！　縁側ネコによる野生動物対策は可能だ！」

ここからは、縁側ネコと人の未来について展望を語っていこうと思います。

縁側ネコ研究を続けていくうちに、僕個人の研究から地域貢献に意義が広がっていきました。

縁側ネコ研究を始めた当初は、誰もネコが里山の正常な生態系（人を含めた）の維持に役立っていることなど知らずに過ごしていました。

まず、効果が表れたのが僕の敷地の両隣のお宅で、縁側ネコが迷惑をかけていないか、伺いがてら、縁側ネコによる野生動物対策の研究のことを話しに行くと、「それで最近ネコが来るのか」と言われました。

それから少し間があって、「そういえば、今年は被害に遭ってない」と納得されるのでした。

たまたまこの時、お隣の一家が地域の区長さんを務めていたため、サルの件も含め、縁側ネコについて地区の公民館で講義をしてほしいと言われました。

この講義から、僕の中で少しずつ個人の研究から地域貢献へ目的が移行していきました。

地域を見渡すと、就農している人口の大半がご高齢の方々で、普通に農業をしているだけでも大変なのですが、野生動物の食害対策という大きな問題も抱えていました。

野生動物が畑を荒らすたび、罠を仕掛けたり、猟友会を呼んだりと、手間と資金が追いつくはずもなく、野生動物の食害に対しては泣き寝入りするしかない状況です。

ここが里山と里の境界です。

トラのストーカー・ポンタは
人懐っこいネコでした。

ご飯は朝と晩の一日2回です。

伝説のハハとトラの食事シーン。

仮にそこで、畑を荒らした野生動物を捕えたり仕留めたりしても、その野生動物は群れの中の1頭か2頭なので、3か月としないうちに、畑はまた野生動物に荒らされてしまいます。

これは、労力と手間が掛かったうえ、イタチごっこになります。

この状態では、農家さんはまるで、野生動物のために作物を作るみたいなことになってしまいます。笑えない皮肉です。

しまいには、ここではもう農業は出来ないとなり、終農してしまうのです。

これまでは、野生動物へのアプローチの大半が対症療法だったため、同じことを繰り返し、最後は人か野生動物、どちらかが諦めるまでのレースを行ってきたのです（大概は人が諦めます）。

状況がわかってきて、僕は自身の研究が小さいながら役に立つのでは？と思いました。

養蚕が終わり、一度はお役御免になった縁側ネコ。

ですが、実は縁側ネコが畑、いや里と里山の境界を守っていたキーマンであり、縁側ネコを活用すれば、ご高齢の農家さんも今までのように作物を作ることだけに専念できるようになるのです。

労力と手間は毎日のご飯だけになります。

ご高齢であっても、ネコにご飯を与えてさえいれば、畑、また人の生活も守られるので、安心して農業が出来、生活が出来るのです。

地域の状態を知り、県の状態がわかってくると、その先に見えてきたのが、全国の野生動物による食害の総額です。

一説によれば、その総額は、なんと1年で230億円にも上るそうです。

しかも年々その額は増えているとのことです。

直接被害額230億円のほかに、害獣対策費や害獣防護網の維持管理費用も掛かるので、実際の食害に関わる金額は毎年、膨大な額になっていると思われるのです。

この数字を、少しでも減らすためには、今までのような対症療法ではなく、昔、知らず知らずのうちに行っていた予防戦略が必要になるのです。

その予防戦略こそが「縁側ネコ学」なのです。

そんな縁側ネコによる野生動物対策は徐々にですが、広がりを見せ始めています。

その広がりの一つは、先程書いた大学とのコラボレーションの可能性です。

まだ決定事項ではアリマセンが、何校からかお話を頂いております。

それ以外にも、各企業から野生動物対策について相談を受けています。

そんな中、先日、東京の大和ハウス本社のホールにて、農業系のシンポジウムの中の一つの項目として、縁側ネコについての発表を行いました。

この時、僕自身は登壇、講演をせず、この発表を客席で聴いていたので、会場の反応を客観的に把握することが出来ました。

縁側ネコの講演が始まると、客席から「？」の嵐が起きていました。

ですが、話が進んでいくうちに、徐々になるほどと納得の反応に変化していくのがわかりました。

シンポジウム終了後は、参加者のみなさまから声を掛けられて、縁側ネコのことについて個別にお話しさせて頂きました。

そして、お話の最後は、必ずこうなります。

「そーねっ、昔の農家にはネコがたくさん居たわよね」と。

実は、このことについては、地域の方とお話をしていた時も同じで、話の最後には「昔は里山の各家には、たくさんのネコが居た」に行き着くのです。

それから、思い出されるようにして、「そうだ、そういえば昔ほど地域でネコを見なくなった」と、現状をお話しになるのです。

縁側ネコを研究していく中で、いろんな方とお話をしてわかったことは、昔の里山にはネコがたくさん居た、ということです。

そしてその頃、野生動物による食害は今ほどなかった、ということです。

ズバリ、このことが「縁側ネコ学」の本質なのです。

エピローグ

縁側ネコ学の可能性

里山の環境を人が作り、さまざまな工夫を凝らし生活をしてきた中の一つが縁側ネコだったことが、検証と昔の話からわかったのです。

里山は自然豊かですが、実は人が介在して出来た人工の自然です。言い換えれば、人が作り、管理している自然です。

そこには、昔からネコの存在がありました。

山だけでは、ネコは生きていけません。しかし人が生活する里があると、ネコは生きていけるのです。

その相互補完関係が里山には必要だったにもかかわらず、養蚕終了後に縁側ネコの仕事も同時に終了させてしまったため、今のような食害が始まったのです。

そればかりか、里山からネコが消え、街からもネコが消えてきた昨今、里山では野生動物が害獣などと呼ばれ、作物を食い荒らし、街ではクマネズミやドブネズミが我が物顔で昼夜問わずうろつき回っています。

縁側ネコを通して世界を見ていると、彼ら縁側ネコたちが「なにを今更っ」と、僕に言っているように感じてなりません。

あまりネコに干渉せず、共に暮らしていこうとする大らかな心と環境作りが、人に求められてきているように僕は思うのです。

縁側ネコを観察し続けてつくづく思うのは、原点回帰です。

と、言っても、今の生活をすべて否定しているのでは、アリマセン。

ただ、近年問題になっている多くのこと（例えば食べ物や生活習慣など）に関して、昔の事例に解決の糸口を見出すケースが増えてきていますし、良いものは今風にアレンジして、より良いものにしていければいいなーっと思う訳です。

縁側ネコたちが、いつまでも縁側で安心して寝ていられる環境を人が守り、人は縁側ネコに畑や里を守ってもらう。

人とネコの大らかでのびのびとした関係をそのままに、両者がわかり合える、大切な接点である縁側（里山の縄張り）をしっかり残していきたいというのが、僕の願いです。

最後に、人と野生動物が共存する道は、縁側ネコにあり！ ですね。

縁側猫農法（有機無農薬）で
作ったナス。

エピローグ

縁側ネコ学の可能性

縁側ネコのプロフィール

里山ネコ

ハハケル

縁側ネコのドン。

彼女からすべてが始まりました。出会った当初は、顔を合わすと、シャーっと言って僕を威嚇していましたが、マイケルとジャクソンが産まれ、かなり優しくなりました。が、僕と出会ってから一番長い付き合いにもかかわらず、いまだプライドを守り、すり寄って来たことがありません。

今までに、マイケルとジャクソン（第1世代）、ミケとハチ（第2世代）、モフとチャップとチャップリン（第3世代）、アズキ（第4世代）、シロ（第5世代ですが今は街で飼い猫）、ミカン（第6世代）を産んでいます。

子育て上手なハハケルですが、実の子でも相性があるらしく、アズキだけは気に入らないようで、ことあるごとにアズキを威嚇したり、追い回したりします。

ですが、普段は群れの中心にいて、子供たちを束ねています。ご飯の時も、子供たちが食べるのを確認してから自分が食べはじめる、気配り母さんなのです。

長い付き合いですが、いまだにどんな生態なのか不明で、謎多き縁側ネコのボスです。

マイケル

縁側ネコの長男。彼から、たくさんのことを学びました。

ハハケルに紹介されてから、マイケルは僕が仕事場にいる時はずーっと、周りにいました。僕や奥さんを群れの仲間だと思い、畑、藪、山と僕が徒歩で行く所には、すべて付いて来ました。出会ってから4、5日で、僕や奥さんの膝の上に乗り、畑では屈んだ背中に飛び乗るなど、人に慣れるのがとても早かった縁側ネコです。

マイケルとの思い出は、たくさんあり過ぎて、どれを挙げようか悩みます。

マムシ、モグラ、ガビチョウを狩っている姿や、タヌキにボロボロにされたのにもかかわらず求愛したり、とにかくタフな奴でした。

マイケルをSNSでUPしたら、大変人気が出てしまい、写真に写る振舞いから、社長とあだ名が付き、SNS上では、ホボ毎日、マイケル社長と呼ばれ、世界中で（大袈裟か？）見られていました。

そんなマイケルですが、2年前に群れを離れ、今は何処にいるかわかりません。

これも縁側ネコの♂の定めですね。

ハハケル

♀

元祖

マイケル

♂

第1世代

ジャクソン

初めて見た時は、なんて色した猫だ！っと思いました。マイケルと対象的なイメージで、なぜか暗い感じに思えたのですが、接しているうちに誤解だとわかりました。

マイケルの行動をよく見ていて、マイケルが僕の膝の上に乗っているのを見ると、マイケルが退いた後、僕のところにやって来て、マイケルのマネをして僕の膝に乗るのです。

その後でも、さまざまなことでマイケルのマネをしていました。

そんなジャクソンは狩りの名人で、子猫のうちからバッタ、チョウ、ネズミ、鳥までも狩って食べていました。

その他にも、キノコや草を食べているところを見たことがあります。とにかく悪食で何でも食べる性格でした。

そんなジャクソンも大きくなり、そろそろ独り立ちという頃のこと。

縄張りから姿が消え、2日が経った時に、お隣さんから「ネコが家の庭で死んでいた」と、告げられました。

話をよく聞いてみると、その特徴からジャクソンでした。

ジャクソンは、お隣さんが土に戻してくれました。

縁側ネコの生存率は低いのです。

ミケ

ミケは体が小さく細いネコで、このネコがイノシシと闘うのか？と思うほどです。

実は、縁側ネコの苦手なタヌキと格闘し、疥癬（ヒゼンダニ）を移されて帰って来たことがありました。疥癬にかかるぐらい疥癬に感染したタヌキと接近戦をしたのです（近年疥癬にかかっているタヌキやイノシシを見かけることが多いです。疥癬にかかると毛が抜け皮膚がボロボロになり、見慣れない人が見ると、別の生物に見えるほどです）。苦手なタヌキにまで向かっていくくらい、縄張り意識が他の縁側ネコに比べても強いのがミケです。

群れの中では一番僕に慣れていて、隙あらば僕の膝を狙っています。

そんなミケですが、群れで暮らしているわりに単独行動も多く、たまに3、4日、群れを離れることがあります。

この間どこに行っているかわかりませんが、元気に戻って来てはまた僕の膝を狙うのです。

群れの中では、ハハケルに次ぐポジションに就きながらも孤独を楽しんでいるようです。ネコに優しく（無関心？）、野生動物に強い、頼れるナンバー2なのです。

アズキと仲が悪いです。

ハチ

ミケと同じ世代で体もミケ同様小さいですが、筋肉質です。

山側に縄張りを持ち、どちらかというと孤独が好きなように見えるのですが、僕が仕事場に居る時には必ず顔を出します。

この時にも、群れの中に入る訳でもなく、少し離れた岩の上から群れを見ています。

ただ、ご飯の時は群れの中に入り仲良く食べています。

ですが、なぜか、モフ（第3世代）、アズキ（第4世代）と相性が悪く、ハチが追い回されています。

そのハチの子供のリビアは、普段モフにくっ付いて一緒に行動しているのです。

これもまた、縁側ネコの不思議です。

ミケは普段僕とスキンシップを図っていますが、ハチは違います。発情期にだけ鳴きながら僕の足にすり寄り、さらには、お尻を僕の方に向けるのです。

これは、僕を♂ネコと勘違いし求愛しているのですが、いかんせん僕は人間なので、毎回、ごめんねっと、お断り申し上げています（この現象は、♀ネコを飼っている方ですと、稀に経験される現象です）。

ちなみに、普段のハチは僕にすり寄ることはまったくアリマセン。

ジャクソン

♀

第1世代

ミケ

♀

第2世代

ハチ

♀

第2世代

モフ

ただ今、オス軍団のボス。一度群れを16日間だけ出て行き、また群れに戻ってからは、ミカン、リビアのお手本になり、今では、なんとオス軍団を構成し大体の時間をモフ、ミカン、リビアの3頭で行動しています。ハチとは仲悪し。

このオス軍団の行動がライオン的に見えるのです。

モフに対して僕の最大の関心事は、出戻りの件です。

普通縁側ネコの♂は、2年で縄張りを離れて行くのですが、モフに限っては縄張りを出ることは出たのですが、16日で戻り、そのまま今も縄張りに留まり♂の縁側ネコの2年ルールの掟を破ったことです。

♂の三毛猫だったということはわかりましたが、それにしても非常に興味深い事例なので、モフの研究はこれからも継続していきます。

モフの性格は、いたっておとなしい普通のネコで、一言でいえば優しいです。

僕が仕事場に着くと、すぐに僕のところにやって来て、まずは足にすり寄って来ます。その後は、僕の前に回り、僕の顔を見ながら鳴くのです。

チャップ♂（第3世代）がいた時のモフは、チャップより弱い存在で、♂同士のじゃれ合いでは、いつもチャップにバックを取られていました。

その当時は情けなかったモフですが、今は立派にオス軍団のリーダーを務めています。

チャップ　体は♂ネコの割に小さいのですが、モフ♂、チャップ♂、チャップリン♀の第3世代の3頭の中では飛び抜けて、運動能力と判断力が優れていました。モフをよく手玉に取り、じゃれ合いでは相当やり込んでいました。

そんなチャップですが、縁側ネコの掟通りに2年で縄張りを出て行き、今はどこにいるかわかりません。

運動神経抜群にして頭脳派なので、きっとうまく立ち回っているハズです。

チャップリン　第3世代唯一の♀で、なんでもよく食べ、そこそこ、運動神経がよかった印象です。

実は、チャップ♂が縄張りを離れてからしばらくして、なぜか♀なのにチャップリンも縄張りを離れて行きました。

この事例は大変興味深いのですが、縄張りから出て行かれると、そこからはもう研究出来ないので現在チャップリンがどうなったかはわかりません。

チャップリンとチャップはそっくりな白黒のネコでした。

モフ

♂

第3世代

チャップ

♂

第3世代

チャップリン

♀

第3世代

アズキ

このアズキから、父親が替わります。

今までは、短毛の白黒のオスが父親だったのですが、長毛のオスに父親が替わったのです。

それなので、アズキは長毛で尻尾が長く、♀なのに体が大きいです。

アズキの縄張りのメインはお隣で、縁側ネコ特有の各お宅にて呼び名が違う、なのです。

僕のところでは呼び名はアズキですが、お隣ではタビちゃんです。

四肢の足先が白いため、名付けられました。

人によく慣れていますが、縁側ネコ同士との相性がイマイチなのがまた面白く、その理由を解明すべく毎日観察しています。

ちなみにハハケル、ミケ、ハチ、リビアと仲が悪く、逆になぜかモフ、ミカンとは仲がいいです。

シロ

——正確には、元縁側ネコです。

ハハケルに託され、里山から街の飼い猫になった〝にゃん生〟を歩んでいます。

ですが、街にはトラがいますので、いまだに毎日トラにしごかれています。

家に来て1年が過ぎ、シロの性格はネコではなく、ホボ犬と化しています。

僕の人生で、犬がいないのはここ7年ぐらいのことで、それくらい犬と共に人生を歩んできたのでよくわかるのですが、シロは確実に犬化していますね。

シロは胴輪を付けリードで散歩に出るのです。

シロに胴輪を見せると、僕のところにやって来て、おとなしく胴輪を付けさせ、リードをはめると玄関に行き、そして、外に出て行きます。

そればかりか、夜眠くなると人の所にやって来て、早く寝ようと催促します。

それでも僕が寝るそぶりを見せないでいると、鳴きはじめ大騒ぎします。

ネコのヤル事ではアリマセン。

シロがいることで縁側ネコと飼い猫の比較がある程度出来るので、非常に助かっています。

アズキ

♀

第4世代

シロ

♂

第5世代

ミカン ―― ハハケルの直系最新の子供で、子猫の時はもの凄く可愛いネコでした。大きくなるに従い、モフのマネ（コピー）をしていましたが、今では、ななぜか縄張りの番人になって、毎日顔に傷を負って、貫禄のある若武者に成長しています。

今後どうなるか？　現段階ではわかりません。

モフ、リビアとオス軍団を結成。

リビア ―― 外見がイエネコの原型と言われるリビアヤマネコに似ているので、命名しました。

性格も食性も野性丸出しで、動く者は何でも襲い、すぐ食べてしまいます。

そして、今はモフのマネをして、♂ネコの学習をしている最中です。

僕は、このリビアに凄く興味があるのです。

なぜなら、地面の下にいるコガネムシの幼虫を探り当て、しかも掘り出して食べる能力が他のネコよりズバ抜けているからなのです。

これについては、もっと掘り下げて観察して行きます。

まだ若なので、将来が楽しみでなりません。

トラ

マイケルと同時期に、街（家）に現れた街の縁側ネコです。

大家さんに連れられて避妊手術を受け、縁側ネコ唯一の避妊済み。

性格は人が大好きで、誰でも触れ、抱っこ出来るほどですが、縄張り意識が強く、サルを追い回し、縄張りの外へ追い出すほどの迫力と気迫があります。

前までは、ミミを育て鍛えていましたが、今はシロを鍛えています。

トラの鍛え方は生きたネズミを狩ってきて、生きたまま家に持ち帰り、そのネズミをシロの目の前に置くのです。

すると、シロは動くネズミに飛びかかり、狩りの練習をするのですが、シロは甘いので、たいがいネズミに逃げられます。

今では、街の番猫になり、貫禄が出ています。

ミミ

トラに育てられたトラの弟です。

オスなので2年で出て行きましたが、最近帰って来て、家に入り浸っています。

性格はおとなしいですが、行動範囲がとても広いので、いつも喧嘩をして顔や体が傷だらけです。

リビア

♂

ハチの子

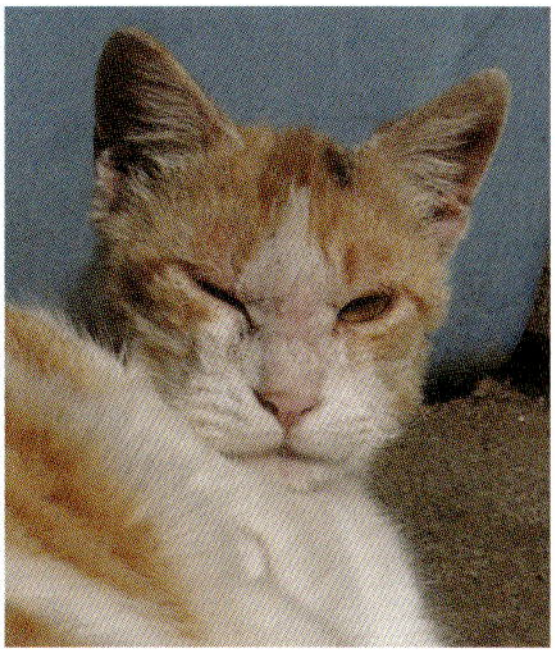

ミカン

♂

第6世代

ミミ

♂

街の縁側ネコ

トラ

♀

街の縁側ネコ

渡部 久

HiSaShi watabe

一九七二年、東京都に生まれる。縁側ネコ研究家、NPO法人日本ウパルパ協会代表、動物屋GECKO代表、側道動物実践家。

幼少の頃から動物に接し、数多くの動物の繁殖を成功させる。哺乳類では、フクロモモンガ、アメリカモモンガなど、甲殻類ではサクラザリガニ、16年前にはウーパールーパーのショートボディのウパルパの作出に成功した。メキシコ・ソチミルコ野生アホロートル（ウーパールーパー）が絶滅の危機に瀕していることを知り、状況改善のため二〇一四年にNPO法人日本ウパルパ協会を設立。二千種を超える生物と触れてきた経験を基に、縁側ネコによる野生動物対策や、ゲンジボタルの再生などにも取り組み、全国各地でイベント、講演、執筆を行う。

二〇一六年に動画教材「縁側ネコ学」（PANDA STUDIO渋谷）をリリース。現在、「月刊アクアライフ」にて〝新色誕生！ 我らウ〜パ〜ル〜パ〜ず〟、WEB「にゃんこマガジン」にて、〝可愛いだけじゃニャーイ！ のよ、縁側ネコはねっ〟が好評連載中。